超科少年
SSJ2

Super
Science
Jr.

目錄

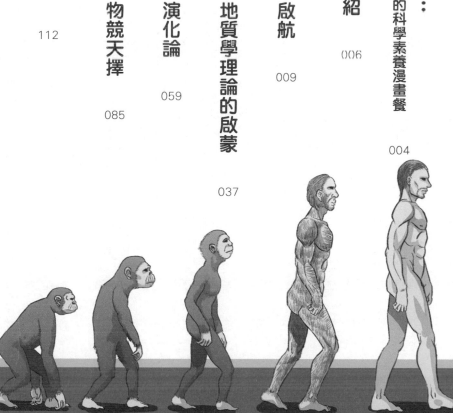

營養均衡的科學素養漫畫餐

文／吳俊輝（台灣大學副國際長、物理系暨天文物理所教授）

這是一部很有意思的創意套書，但很遺憾的在我那個年代並不存在。

我小時候看過不少漫畫書、故事書和勵志書，那是在閱讀課本之餘的一種舒放與解脫，然而這部套書則是一個綜合體，巧妙的將生硬的課本內容與漫畫書、故事書、及勵志書等融合在一起，讓讀者像是被煮青蛙一般，不知不覺的被科學洗腦，被深深的植入科學素養及人生毅力的種子。

這部套書聚焦在六位劃時代的科學家身上，他們巧妙的串起了人類科學史上的黃金三百年，當年的成果早已深深的潛移入我們當今仍在使用的許多科學原理中，而這些突破絕非偶然。

針對每位科學家，這部書都先從引人入勝的漫畫形式切入，若從專業的角度來看，科學界的前輩們或許會覺得漫畫中的許多情節恐怕難脫冗餘之名，但是若去除掉這些潤滑劑，它就會像是沒有開胃菜、配菜、佐料、甜點及水果的牛排餐，只有單單一塊沒有調味的牛排，想直接塞入學童們的口中，而我們的教科書經常就像是這樣，以為這才是最有效率的營養提供方式。台灣的許多科學教科書，甚至更像是營養膠囊，沒有飲食的樂趣，難怪大多數人都會覺得自然學科很生澀，在離開學校後很怕再接觸到它。一般的科普書也大多像是單點的餐食，而這部書則是一套全餐，不但吃起來有情調，那些看似點綴用的配菜，其實更暗藏有均衡營養及幫助消化的功能。

這部書除了漫畫的形式之外，還搭配有「閃問記者會」、「讚讚劇場」及「祕辛報報」等單元。「閃問記者會」是利用模擬記者會的方式，一一釐清各式不限於科學範疇的有趣問題。「讚讚劇場」則是由巨擘們所主演的劇集，真人真事，重現了當年的時代背景，成功絕非偶然。「祕辛報報」則像是武林擂台兼練功房，從旁觀的角度來檢視巨擘們所主張之各種學說的歷史及科學地位，有攻有防，還提供了武林盟主們的武功祕笈，讓讀者們能在短時間內學上一招半式，以便於日後開創自己的成功人生。

科學其實和文學一樣，學說的演進和突破都有其推波助瀾的時代背景，但學校中的課本或一般的科普書則大多只告訴我們英雄們總共成功的攻頂過哪幾座艱困的山，以及這些山群們有多神奇，卻顯少著墨在英雄們爬山前的準備、曾經失敗的登山經驗、以及行山過程中的成敗軼事。少了這些東西，我們永遠學不好爬一座山，而這些東西其實就是科學素養的化身，只懂科學知識而沒有素養，我們充其量只不過是一隻訓練有素的狗，坑不出新把戲也無法克服新的挑戰，這是我們在二十一世紀知識爆炸的年代中所要面臨的嚴峻挑戰。這部書仕漫畫中、在記者會中、在劇場中、在祕辛室中，都再再提點並闡釋了這個成功事跡背後的脈絡，以及事前所付出的無數失敗代價，這對習慣吃速食的現代文明人而言，像是一頓營養均衡的滿漢大餐，雖說不是每個人的任務都是要去攻頂奇山，但無可諱言的，我們都生活在同一個山林中，就算不攻頂也仍須在人生中劈山荊、斬山棘！就讓我們一起填飽肚子上路吧！

角色介紹

仁 傑

國一男生，為了完成暑假作業
而參與老師的時光體驗計劃，
被老師稱為超科少年。但神經
大條，經常惹出麻煩，有時卻
因為他惹的麻煩而誤打誤撞完
成作業題目。

達爾文

英國博物學家。曾參與英國軍艦小獵犬號的南美探險之旅，在見過各種
奇異的生物、化石之後，從一個只喜歡打獵的貴公子，立志成為一個生
物學家。花費畢生精力研究出演化論，成為生物學領域最重要的學說。

老師

非常熱中科學實驗，為了讓自己做的時光體驗機更完美，以暑假作業為由引誘仁傑與亞琦試用，卻意外引發他們的學習興趣。

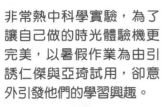

亞琦

國一女生，受到仁傑的拖累而一起參與老師的時光體驗計劃，莫名其妙成為超科少年的一員。個性容易緊張，但學科知識非常豐富，常常需要幫仁傑捅的簍子收拾殘局。

小颯

超科少年的一員（咦？）。會講話的飛鼠，是老師自稱新發現的飛鼠品種，當作寵物豢養。偶爾會拿出一些老師做的道具，在關鍵時刻替其他人解圍。

達爾文篇

第一課：啟航

加油！加油！

上啊！

小颯加油！

……

鏗！

為什麼……為什麼我要被迫和鍬形蟲決鬥……

痛痛痛……

一八二七年
芒特莊園

咚！

笨蛋仁傑！……

都是你啦！

演化論是達爾文的學說，這麼簡單的東西都不知道……

看來又有新的暑假作業要完成了……

第一題：達爾文的啟航
第二題：達爾文的啟航
第三題：達爾文如何印證萊爾的地質學理論？
第四題：演化論如何萌芽？
物競天擇理論的由來？

……

哇！是森林耶～
這裡一定可以找到超強的鍬形蟲！

14

喂！
你們兩個！

我是
達爾文！

她是我的
青梅竹馬
芬妮！

你們是
……？

打扮好奇特……
是外國人嗎？

我們
……

啊
……
我是亞琦，
這位是仁傑

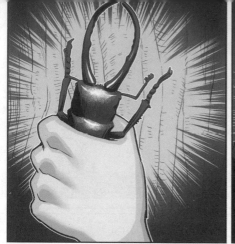

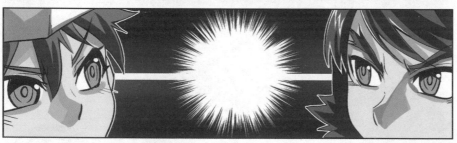

……怎麼回事……？

呵呵……看來那個男孩子和達爾文一樣,都是昆蟲愛好者,一拍即合呢!

呃……可是……

也沒必要一見面就決鬥吧?

達爾文常說,男子漢之間是不需要用言語溝通的喔!

呼……

平手嗎……

呼…

呼…

呼…

馬上就變成莫逆之交了啊！

仁傑！你也是啊！

達爾文！你很強呢！

啪！

我才不是……

來吧！來我家坐坐吧！也帶妳女朋友一起來吧！

哈哈哈！不是啦！我對她沒興趣啦！

砰!!!

好啊~
好啊~

好久沒遇到跟我一樣對蟲子有興趣的人了耶!

明天我們再一起上山抓鍬形蟲吧!

……沒想到達爾文和仁傑個性如出一轍……

真令人頭疼……

你又去抓蟲子啦……

19

不是跟你說過很多次，別再抓蟲子了嗎？

好好念書，以後才能成為優秀的醫生啊！

爸爸……

……可是我

沒什麼好可是的！快去念書！

兩位客人也請回吧！時間不早了！

現代 台灣

原來達爾文
也和我們一樣
被逼著念書啊⋯⋯

我還以為
只有我們這個
時代的學生
會被逼著考
醫學院呢!

唉～
家家有本
難念的經啊。

不過至少
這麼一來,
達爾文
就會安分一點,
不會再亂抓
蟲子了吧?

⋯⋯⋯⋯

怎麼可以⋯⋯

一八二八年
劍橋大學

……
是仁傑和
亞琦？

好久不見了……

……我們來

達爾文？

哼哼哼！

你看！
我抓到
四隻囉！

裡帶落了！
（你太弱了！）

好多隻！
而且竟然多到
雙手拿不下，
要塞到嘴裡！

男孩子真是
莫名其妙的
生物……

唔……
我認輸了

又去抓蟲子了嗎？

唉……

看來你真的很喜歡觀察昆蟲呢……

這次搞到嘴巴都腫起來啦？

達爾文的老師 韓斯洛教授

嘿嘿嘿～不只是蟲子，所有生物我都很喜歡喔！！

每次看到沒看過的生物就令人很興奮呢！

26

……

呵呵……有興趣是很好啦……

不過你父親知道你不喜歡醫學，所以特地送你來神學院學習，你可要好好認真啊！

那接下來你打算怎麼辦？

啊啊啊～

韓斯洛教授雖然人不錯，可是我對神學就真的沒興趣嘛！

27

一定要來找我喔！仁傑！

到時候我們再來決勝負！

嗯……

應該會回老家吧！

沒問題！

一八三一年 芒特莊園

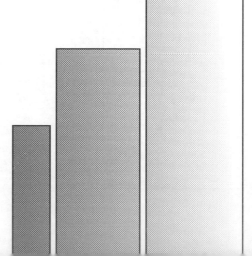

時光體驗機真方便呢!馬上就穿越到三年後了!

走!去找達爾文吧!

記得用變身披風變成長大的樣子喔!

來決鬥吧!!

沒錯!好久不見了!

……喔?是仁傑和亞琦?

你們真的來啦!

改天吧⋯⋯

怎麼一點活力都沒有？

生病？失戀？被扣零用錢？

你還好吧？怎麼了？

我⋯⋯剛從劍橋畢業⋯⋯最近收到韓斯洛教授的信。

他說⋯⋯

英國海軍邀請他擔任小獵犬號的自然學家並出海兩年進行自然考察，

但他孩子剛出生不想出遠門，所以

他想把機會讓給我⋯⋯

Dear Darwin:

那不是很好嗎？你可以出海周遊列國，發現更多有趣的生物啊！

真羨慕你啊，仁傑……

這麼久了還能保有赤子之心……

我已經二十二歲了，

這幾年，我漸漸理解到父親百般包容我的任性……

但我卻完全沒有回應他的期待，都在做自己想做的事……

父親非常希望我能去當個牧師，

也許……

我該學者長大了吧！

沒想到你這麼脆弱不堪一擊啊！

哼！虧我還把你當勁敵，

你瞧！

那是……

仁傑自己養的鍬形蟲？

仁傑的鍬形蟲是台灣本土品種，和達爾文發現的英國種當然不一樣！

他打算幹嘛？

這隻鍬形蟲的形狀，我從來沒看過！

怎麼可能……你竟然發現了我沒有看過的新品種！

沒錯！

這就是你沒看過的新品種鍬形蟲！

咦？

登登登！
第一題
完成！

第一題:達爾文的啟航
第二題:達爾文如何印證萊爾的地質學理論?
第三題:演化論如何萌芽?
第四題:物競天擇理論的由來?

之後……

達爾文在舅舅的幫忙下，說服了父親讓他出航。

航向名為生物學之旅的偉大航道！

達爾文篇
第二課：地質學理論的啟蒙

呼——～～ 呼——～～

仁傑

原來你在這裡啊？

怎麼會在教室裡睡著了呢？

呼啊……

啊……

是亞琦啊……

我昨晚跑去山上特訓，

實在是太累了所以就睡著了。

特訓？

？

……

抓鍬形蟲的特訓啊！

下次和達爾文見面我絕對不會再輸給他了！

シ…

說到這個，我們好幾天沒回去找達爾文了，不知道他後來上船之後如何了呢！

哈哈哈哈!

孤男寡女來到這個島上一定是來度蜜月的對吧?

才不是!我們……只是剛好路過……

我們才不是什麼小倆口啦!

慌張
慌張

哇喔!!

來!幫我把這些生物和標本搬到小獵犬號上吧!

對啊!還好當年有聽你的話出航!真是大豐收呢!

達爾文!這些都是你找到的嗎?看來你抓到了不少有趣的生物啊!

達爾文！

收集來的標本有整理好了嗎？

小獵犬號船長 費茲洛伊

整艘船上裝滿了你抓來的奇怪生物和化石標本……再不好好寄些回國就要沉船啦！

在你把這些整理好寄回倫敦之前！我不准你上船！

費茲洛伊船長，個性陰沉不定，有時待我很好，有時又很兇狠，就像一顆不定時炸彈一樣……

真麻煩呢……

嘖，船長真的好囉唆，隨船博物學家的任務就是要收集標本啊！

世界上的生物就這麼多，我有什麼辦法……

嗯嗯……也只能這樣了！

不過這麼多東西的確裝不下吧？

還是先聽船長的話，把行李打包囉！

46

OK！整理得差不多囉！

就說我們不是來度蜜月的啦！！

多謝你們啦！竟然願意犧牲度蜜月的時間來幫我！

HA HA HA

你還記得我們的約定嗎？

哼哼……達爾文……

沙…

HA HA HA HA HA HA HA HA HA HA HA

妳不去
阻止
他們嗎？

我已經
習慣了……

反正他們
累了自然會
回來……

呼……
呼……
呼……
呼……

你進步了呢……
仁傑……

!!

那我們
來清算吧……

我還以為
特訓之後一定能
贏過你呢……

嘿嘿……
你也是啊……

嗯？

那是我為了裝甲蟲，在山上隨便撿來的啦！

等等⋯⋯這個貝殼是⋯⋯？

啊⋯⋯不可能

這個貝殼化石⋯⋯應該只出現在海裡才對啊⋯⋯

仁傑！帶我去你發現貝殼的地方！

這石壁……

裡頭有貝殼、珊瑚等等海中生物的化石……

怎麼會在山上呢？

中間有一段白色的岩層

不……

這不像是人為的……

會不會是有人故意把吃剩的海產埋在這裡啊？

我也常常把吃剩的蝦殼隨便丟呢～

HA HA HA HA

啊！難道這是……

萊爾先生提倡的地質學理論嗎？

查爾斯·萊爾，是英國很有名的地質學家！

啊……你果然都不念書

萊爾？

他主張
山川河流的形成
都是長時間
積累的結果……

靠著長年的
地層運動，
海底的地層
甚至會被推移到
山上去呢！

如果萊爾的
理論屬實……

這些化石可能是
數百年……
不！可能是
數千數萬年前的
生物遺骸呢！

不過眼前的化石
似乎就是印證
萊爾地質學理論的
證據呢！

嗯……
雖然令人
難以置信……

呵……

太有趣了！！

有趣
！！

有趣
！！

55

哈哈哈！
看來你們
解題解得
很順利啊！

如何啊？
自然科學
很有趣吧？

這也成為
他之後發展出
演化論的重要
基石呢！

之後達爾文也在
許多地方發現
類似的地層和化石，
間接驗證了萊爾的
理論喔！

是啊！
沒想到達爾文
是個對生物學
這麼熱情的
人呢！

雖然有點白目
就是了……

噢？
終於要談到
演化論了啊！

結果我忘了
餵鍬形蟲啦！

滿腦子只想著
找達爾文
決鬥……

嗯……
仁傑的笨蛋腦袋
究竟是怎麼
演化出來的呢？

啊
!!

達爾文篇
第三課：演化論

一八三五年
加拉巴哥群島

沙沙……

嘿咻……

仁傑～
你幹嘛這麼
猴急啊？

我還沒有休息夠
你又拉我來找
達爾文了，
該不會又想
做什麼無聊的
決鬥了吧？

笨蛋！
男子漢的決鬥
是很神聖的！
一點都不無聊！

況且比起
決鬥……

我更好奇
他覺醒之後
會有什麼
新發現呢！

你們兩個總是神出鬼沒的……

這次怎麼會來到加拉巴哥群島呢？

呢……那個……

我們和父母做生意就來到這裡了……

達爾文你呢？

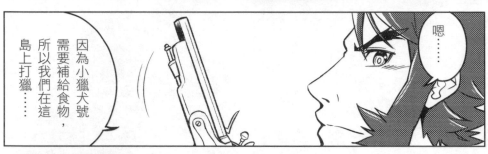

嗯……

因為小獵犬號需要補給食物，所以我們在這島上打獵……

用象龜決勝負……好像也不錯呢！

噢？你現在的興趣是象龜嗎？

看到那群象龜了嗎？

我打算趁牠們被抓來吃掉之前好好地研究一下！

哈哈哈！你果然很有活力呢！

HAHAHAHA

不過我現在比較在意的是……

明明是同一種象龜……

可是我聽島上的總督說，這裡每座小島上的象龜都長得不太一樣呢！

我打算好好觀察，找出其中的原因！

……喔喔喔

真有研究精神啊！

而且仔細一看，
你們養的飛鼠也跟
我看過的其他飛鼠
不太一樣呢～

看起來……

比一般的飛鼠
美味多了！

He～ He～ He～

驚!!

哇啊啊啊啊!!

達爾文這傢伙！
是不是在船上
航行太久
餓瘋了啊？

安啦安啦！船長！這次我沒有帶很多東西啦！

HA HA HA!

而且這些生物我研究完之後就會分給大家吃掉的，一舉兩得啊！

唔……

只要撒個謊給船長有台階下，就可以帶更多我的研究材料上船啦！

嘿嘿嘿～怎麼可能！那可是重要的研究素材呢！

噓——

達爾文你真的要把象龜吃掉啊？

咦？

只要一點一點的帶東西上船，船長也會慢慢習慣的！人類的適應力是很強的啊！

我的行李已經比之前多了好幾倍，他每次也都只是念念而已！

不會真的趕我下船的啦！

68

69

嗯……那個船長似乎很討厭達爾文呢！

是啊……

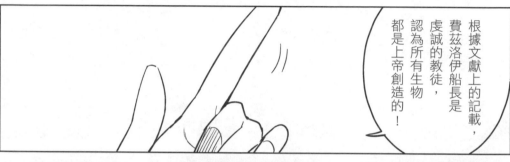

根據文獻上的記載，費茲洛伊船長是虔誠的教徒，認為所有生物都是上帝創造的！

所以達爾文主張生物是演化而來的這件事，讓船長很不能接受呢！

之前達爾文在山上發現貝類化石，他認為是地層變動導致的……

但船長卻認為是大洪水時代的淹水線……

兩人還因此大吵一架呢！

哈哈哈！
兩人這麼不和
還能在同一艘船上
相處這麼久！

表示船長
大概也習慣
他了吧？

達爾文說得沒錯，
人類的適應力
果然很強呢！

走吧！

噠！

我們直接到
達爾文回到
倫敦的時代
找他吧！
去幫他完成演化論，
同時做好作業！

一八三六年 倫敦

達爾文～

我們來倫敦找你囉！

噢噢噢！

好久不見啊！

真了不起……你還真的凹船長把所有行李都帶回倫敦啦？

「好久不見」這句話聽了好多次……但我們一點感覺都沒有呢……

是啊！

為了研究方便，我打算在倫敦定居下來喔！

兩位有空嗎？要不要來我家喝個下午茶啊！

好啊好啊！

達爾文
你現在在
研究什麼啊？

嗯……

不久前
我去找了一位
鳥類學家
古爾德……

John Gould

他發現我寄
回來的加拉巴哥
群島的鳥類標本

裡面有二十六種鳥
種，其中有二十五種
都是從未被描述跟
鑑定過的新種類！

最特別的是一群雀鳥，
牠們許多特徵都相同──
短尾、體型跟羽毛結構，除了
其中兩種外，其它的種類都在
地上進食，習性也很類似。
但牠們卻擁有差異相當大的喙
形，從非常厚到非常細都有……

難道⋯⋯這些鳥原本都是同一個物種嗎？

實在是令人搞不懂啊⋯⋯

如果真的是同一個物種，為什麼外表會有如此大的差異呢？

咔滋　咔　唔嗯～　唔嗯～　唔嗯～　咔滋

真好吃！

這點心真好吃呢～這趟真是來對了！

完全沒在聽

76

可惡……
這東西
難吃死了……

主人給我吃的
可都是山珍海味啊！
給我這些乾乾硬硬的
種子是瞧不起我嗎？

……

給囓齒動物吃的五穀雜糧

喂！
給我吃一點啦！
仁傑……

……

解剖！！

噓！
不可以
講話喔！

要是被狂熱
生物學者達爾文
知道你會講話，
不把你解剖才怪！

你還是
安分當一隻
飛鼠吧！

哇，吃得好飽～

飲料也很好喝呢～

喝～

吱吱吱吱!!
（也給我喝一點啦!!）

吱吱吱～
（只剩下一點點了！）

吱吱吱吱～
（可惡～舔不到啊！）

哈哈哈～你們養的飛鼠真有趣啊！竟然喜歡喝人類的飲料！

哈哈哈……

沒用啦，小颯你舔不到的，除非你的嘴巴再變長一點囉！

沒錯！
一定是
這樣的！

這就是生物的
演化論啊！！

登登登！
第三題
完成！

第一題:達爾文的啟航
第二題:達爾文如何印證萊爾的地質變遷
第三題:演化論如何萌芽?
第四題:物競天擇理論的由來?

嗯嗯嗯……

原來同樣的物種在不同環境,可以演化成完全不同的樣貌啊!

是啊~我們兩個都是人類,可是你卻這麼笨,這就是最好的證據囉!

哈哈哈!可是牛頓和達爾文的覺醒幾乎都是我幫忙的喔~

HA HA HA

……無法反駁。

唔……

哈哈哈!不用爭論啦!

演化論告訴我們生物之間沒有優劣之分,重點是適才適所!

把正確的才能放在正確的地方,這才是所有生物演化的方向啊!

嗯!!

達爾文篇
第四課：物競天擇

哇～
新娘禮服
好漂亮喔～
好想要當
新娘子呢！

嘖……

達爾文這幾年
都在研究演化論
……都沒有時間
和我決鬥了……

啊！
對了！
達爾文年輕的
時候不是有個
女朋友……

叫做
芬妮嗎？

怎麼
不見了呢？

早在達爾文出海之前芬妮就和其他人訂婚了，人總是有選擇的自由嘛。

哈哈哈！亞琦說得沒錯！

我……我們才沒有在交往啦！

呵呵……先不說這個了！我老婆烤了很多餅乾喔，各位要來吃嗎？

像你們這樣交往很久還沒結婚的人真的很少見呢！

好啊好啊！！

哇喔！

好多種不同的生物標本啊……

簡直像是博物館呢！

噢噢噢！

是鍬形蟲！！

好多奇形怪狀的鍬形蟲……我從來沒看過……

哼哼……哼哼……如何啊？我的宿敵！

你有收集到這麼多種類的鍬形蟲嗎？

你是贏不過我的！

哈哈哈哈哈！！

唔……可惡……我不甘心……

男人不管年紀再大都是小孩子,指的就是這個意思吧?

HA HA HA HA

仁傑~認真點啦⋯⋯

我們可是來做暑假作業的喔!

剩下最後一題了⋯⋯

第四題:物競天擇理論的由來?

唔⋯⋯

受到打擊無法振作了嗎?

餅乾烤
好囉～

噢噢噢噢噢
噢噢噢噢噢～

好吃好吃
好吃好吃!!

好吃好吃好吃
好吃好吃

馬上就恢復
精神了!

喀咔…

只是吃個東西心情
就變好……真是
單細胞生物啊……

真的有
這麼
好吃嗎?

這⋯⋯恰到好處的甜度和香味⋯⋯滲透到全身的細胞裡⋯⋯

奇怪⋯⋯嘴巴停不下來⋯⋯這個餅乾的美味⋯⋯實在是⋯⋯

呵呵呵

呵呵

嗯嗯嗯⋯⋯

嗯？還在作研究嗎？老公？

嗯嗯……

有件事我一直想不通……

為什麼單單在加拉巴哥群島中，就會讓一個動物產生這麼多不同的變種？

雖然說生物會因為環境不同而演化……

但是演化的動力究竟是什麼？

生物為什麼能夠自行演化來適應環境？

真是百思不得其解啊……

哈哈哈～
妳剛剛不是在唸我嗎？怎麼自己也吃得這麼開心啊？

囉……
囉嗦！

真的很好吃嘛～

呵呵呵……
吃這麼多小心變胖喔！

才不會哩！
這是點心！是點心！
女孩子吃正餐的胃和吃點心的胃是分開的！

呵呵呵……
沒關係！餅乾還很多喔！

盡量吃吧！

如果不小心全部吃不完……

我們還可以吃飛鼠肉啊！

愛瑪小姐跟達爾文一樣想吃掉我嗎？

哇啊啊！！

太可怕啦！

說到食物的話，就讓我想到馬爾薩斯的人口論呢！

哈哈哈～真有趣啊！

嗯?
冷狗輪?

是人口論啦!

馬爾薩斯的人口論指出,每二十五年人類人口會增加一倍!

但食物的供應會趕不上這樣的速度……

Thomas Malthus

咦……聽起來好可怕!

所以未來某些人要活下去的話,就會有某些人死去!

也就是說未來人類或許要競爭搶奪糧食呢!

咔…

97

……等等！

人口增加……競爭……或許……這可以套用到演化論的學説上啊！

你知道拉馬克曾經提過的「用進廢退説」嗎？

你應該不知道。

……算了！

嗯？怎麼説？

??? ?

連達爾文都認定仁傑是笨蛋了啊！

拉馬克曾經以長頸鹿為例，

他認為長頸鹿脖子之所以這麼長，是因為牠們要努力伸長脖子才能吃到高處的葉子……

因為脖子經常性的使用，所以便進化成長脖子了！

真正的原因……

但是……我想應該不是這麼一回事！

應該是因為生存競爭的關係！

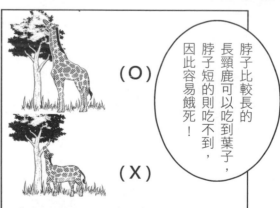

脖子比較長的長頸鹿可以吃到葉子，脖子短的則吃不到，因此容易餓死！

（O）

（X）

在食源不足的淘汰競爭下……脖子愈長的長頸鹿活下去並傳宗接代的機率愈高！

所以長頸鹿的脖子並不是努力伸長而變長的！

是靠生存競爭篩選而保留下來的啊！

轟轟

沒錯!!

這就是我的物競天擇理論!!

登登登!

最後一題也完成了!

恭喜兩位!

我終於想通了!!

一題:達爾文的啟航
二題:達爾文如何印證萊爾的
第三題:演化論如何萌芽?
第四題:物競天擇理論的由來?

唔⋯⋯

暈

哐啷！

老公？

達爾文？

你怎麼暈倒了？

還好後來達爾文馬上就醒來了……

是啊！好像只是頭暈而已，真是嚇死人了……

嗯嗯……達爾文後來的身體一直都不太好……

不過因為當時醫學不發達，所以病因一直不明！

有人說是寄生蟲感染，有人說是乳糖不耐症，也有人說只是心理疾病……

不過，達爾文還是繼續埋首生物學研究

但他的研究成果差點就被另一個研究者搶先發表了！那個人是……

他跟達爾文一樣也在世界各地收集標本，一樣都受到人口論的影響，從中想通了生物演化的機制。

他的經歷及論點，和達爾文巧合得令人吃驚！

他們兩人的論文，被安排同時在林奈學會發表。也因為華萊士的刺激，達爾文才終於加緊腳步，

華萊士

華萊士

完成了影響現代的巨著《物種起源》！

裡面提到所有生物都可能源自最早的幾種生物，經過數千數萬年之後，才慢慢演變成現在的樣子。

THE ORIGIN OF SPECIES

聽起來好厲害啊……

噢噢噢……

104

不過呢～這說法當然引起了當時宗教勢力的不滿！

因為當時人們都相信萬物是上帝所創造，滅絕的生物是因為當年的多次大洪水以及各種災難才消失。

所以也出現了許多調侃達爾文的說法，把達爾文畫成猴子。

什麼啊？

太過分了吧！

別激動～也不是沒人站在達爾文這邊的！

還是有人挺身而出為他辯護！

最有名的一次是
一八六〇年的牛津主教
魏伯佛斯與生物學家
赫胥黎的辯論……

那麼……
如果依照
達爾文的説法，
那人類便是由猿猴
演化而成的囉？

請問您的
祖父祖母，
哪一個是
猴子呢？

牛津主教 魏伯佛斯

……

生物學家 赫胥黎

雖然達爾文的學說一直無法被世人完全接受……

但也因為該場辯論，使他的理論讓更多人知道並開始思考。

……所以說人類的起源究竟是什麼……？

哈哈哈！

這個問題現在仍然有許多學者在研究呢！

就看你們超科少年能不能找出答案囉！

不過說到這，小颯你這陣子好像變胖了一點。

哈哈哈，可能在達爾文家裡吃太多了。

哪有！都是些難吃的飼料……

我看以後把你解剖後來研究一下你是什麼演變來的。

NOOOOO～!!

你的祖先是長什麼樣子呢?

未來你的後代又會是什麼樣子呢?

生物會不斷的演化嗎⋯⋯

Super Science Jr.

超科少年
SSJ2

生物怪才達爾文

BIOLOGY

漫畫科普系列 002

超科少年‧SSJ
Super Science Jr.
生物怪才達爾文

漫畫創作｜好面 & 彭傑　友善文創 Friendly Land
插畫｜水腦‧工佩娟
整理撰文｜漫畫科普編輯小組
責任編輯｜周彥彤、呂育修、陳佳聖
美術設計｜今日設計工作室
責任行銷｜陳雅婷、劉盈萱

天下雜誌群創辦人｜殷允芃
董事長兼執行長｜何琦瑜
兒童產品事業群
副總經理｜林彥傑
總編輯｜林欣靜
版權主任｜何晨瑋、黃微真

出版者｜親子天下股份有限公司
地址｜台北市 104 建國北路一段 96 號 4 樓
電話｜（02）2509-2800　傳真｜（02）2509-2462
網址｜www.parenting.com.tw
讀者服務專線｜（02）2662-0332　週一~週五：09:00~17:30
讀者服務傳真｜（02）2662-6048　客服信箱｜bill@cw.com.tw
法律顧問｜台英國際商務法律事務所‧羅明通律師
製版印刷｜中原造像股份有限公司
總經銷｜大和圖書有限公司　電話：（02）8990-2588

出版日期｜2015 年 12 月第一版第一次印行
　　　　　2022 年 7 月第一版第十五次印行
定價｜350 元
書號｜BKKKC046P
ISBN｜978-986-92486-3-1 （平裝）

訂購服務 ─────────────────────
親子天下 Shopping｜shopping.parenting.com.tw
海外‧大量訂購｜parenting@cw.com.tw
書香花園｜台北市建國北路二段 6 巷 11 號　電話（02）2506-1635
劃撥帳號｜50331356 親子天下股份有限公司

國家圖書館出版品預行編目資料

超科少年‧SSJ：生物怪才達爾文
漫畫創作｜好面&彭傑(友善文創) /整理撰文｜漫畫科普編輯小組.
--第一版. -- 臺北市：親子天下, 2015.12
　面；　　公分. -- (漫畫科學家；2)
ISBN 978-986-92486-3-1 (平裝)
1.達爾文(Darwin, Charles, 1809-1882) 2.科學家 3.傳記 4.漫畫

308.9　　　　　　　　　　　104024704

立即購買 >

漫迷vs.科普知識讀本

文／鄭國威（泛科學網站總編輯）

　　總有一種文本呈現方式可以把一個人完全勾住，有的人是電影，有的人是小說，而對我來說則是漫畫。不過這一點也不稀奇，跟我一樣愛看漫畫成痴的人，全世界至少也有個幾億人吧，所以用主流娛樂來稱呼漫畫一點也不為過。正在看這篇推薦文的你，想必也是漫畫熱愛者！

　　漫畫，特別是受日本漫畫影響甚深的台灣，對這種文本的普及接觸已經超過30年，現在年齡35—45歲的社會中堅，許多都經歷過日漫黃金時代，對漫畫的魅力非常了解，這群人如今或許也為人父母，就跟我一樣。你現在會看到這篇推薦文，要不是你是爸媽本人（XD），不然就是爸媽戾輩買了這本書給你吧。你可能也知道，針對小學階段的科學漫畫其實很多，在超商都會看見，不過都是從韓國代理翻譯進來的，台灣自己的作品就如同整體漫畫市場一樣，非常稀缺。親子天下策劃這系列《漫畫科普系列》，我想也是有感於不能繼續缺席吧。

　　《漫畫科普系列》第一波主打包括牛頓、達爾文、法拉第、伽利略四位，每一位的生平故事跟科學成就都很精彩且重要。不過既然針對中學階段讀者，用漫畫的形式來說故事，那就讓我這個資深漫迷 X 科學網站總編輯先來給你3個建議：

　　第一、所有嘗試轉譯與普及科學知識的努力必然都會撞上「不夠嚴謹之牆」。身為科學傳播從業人士，我每天都在想該如何在科學知識嚴謹性，趣味性跟速度感之間取得平衡，簡單來說就是一直在撞牆啦！儘管如此，我們最歡迎的就是挑

剔的讀者了，所以儘管漫畫很好看，但我希望你一定要挑剔，把你不太明白或有疑惑的地方都列出來，問老師、上網、到圖書館，或寫 Email 給編輯部，把問題搞個水落石出喔！

　　第二、科學人物史是科學與人文的結合，而儘管《漫畫科普系列》介紹的科學家都是超傳奇人物，故事早已傳頌，但要記得歷史記載的都只是一部分面向。另外，這些人之所以重要，當然是因為他們提出的科學發現跟見解，如果有空，就全家一起去科學博物館或科學教育館逛逛，可以與書中的內容相互印證，會更有趣喔！

　　第三、從漫迷的角度來看，《漫畫科普系列》的畫技成熟，明顯的日式畫風對台灣讀者應該很好接受。書中男女主角的性格稍微典型了些，例如男生愛玩負責吐槽，女生認真時常被虧，身為讀者可以試著跳脫這些設定，不用被侷限。

　　我衷心期盼《漫畫科普系列》能夠獲得眾多年輕讀者的喜愛／批評，也希望親子天下能夠持續與國內漫畫家、科學人、科學傳播專業者合作，打造更多更精彩的知識漫畫，於公，可以替科學傳播領域打好根基，於私，我的女兒跟我也多了可以一起讀的好書。

推薦序

台灣原創的科學漫畫！為學子們疊起科學的入門磚！

文／謝隆欽（中山大學附中教師）

「老師，這些石頭的名字我都背不起來。」

　　就算第一次和同學們見面時，就已大費周章地提醒同學們，科學重在觀察，思考，理解，比較，分類，歸納，探索……但積習已久的同學們，仍然不由自主地使用背誦的方式，應付科學的學習及考試；或是跳過課本中的脈絡及概念，直接寫講義，練習解題。

　　死記難以活用，面對改換情境的靈活題目，死抱佛腳硬背下來的同學，往往會不知從何下手；而直接從講義中擷取別人整理好的重點提示，也難以在自己的腦中建構起舉一反三的知識體系，缺少基本觀念的釐清，常常事倍功半的浮沉在茫茫題海之中。捨本逐末的結果，一次次的考試，總難免上演一次次的悲劇。

　　長此以往，科學，在校園中帶給學子的感受，不是「啊哈～」那撥雲見日的頓悟，不是發現「原來如此」的樂趣，卻是從此讓人放棄當科學家的夢想與志願，放棄科學救國的希望與信心；就算日後遠離了校園，科學不再需要考試，或已不需再斤斤計較於分數，但曾經習得的無力，挫折的經歷，卻仍讓大多數公民對科學望之卻步，逃之夭夭。當代的科學與技術日新月異，臺灣社會卻多有「理盲」，缺少理性、嚴謹的思辨能力，易隨流言或謠言起舞而迷失。

　　面此窘境，我除了一再鼓勵學生們發現科學的可親與實用，常保好奇，多作觀察，勇於接觸、閱讀、發想及推測，更有自信地發現科學學習的出口。心頭也十分期待，能有淺顯易懂，引人入勝的科學讀物，為學子們疊幾塊科學的入門磚。

親子天下用心企畫了《漫畫科普系列》，當我翻閱到「鍬形蟲飛向101大樓的天空」，滿心的感動呀！總算盼到了，臺灣原創的科學漫畫！

不只是漫畫，它更有「閃問穿越記者會」、「讚讚劇場」和「祕辛報報」等逸趣橫生的閱讀素材，將科學的知識巧妙地與故事結合，除了學習到達爾文演化論的前因後果，也明白了小獵犬號的配備及航行地圖。噸位約只240噸的小獵犬號，比現今臺灣的「海研二號」及「海研三號」研究船，甚至民間的「寶拉麗絲號」研究船都小，但它仍然完成了西元1831年～1836年長達5載的遠洋航行，助達爾文周覽四海，成就了達爾文的見多識廣，更能體會到達爾文當年的發現是多麼不易與可貴。

願這系列的科學漫畫作品，能助學子們看見科學之奇，發現科學之妙，欣賞科學之美，甚至更可以是明心見性的科學啟蒙！

翻閱吧！科學！
享受吧！科學！
生根吧！科學！

I think

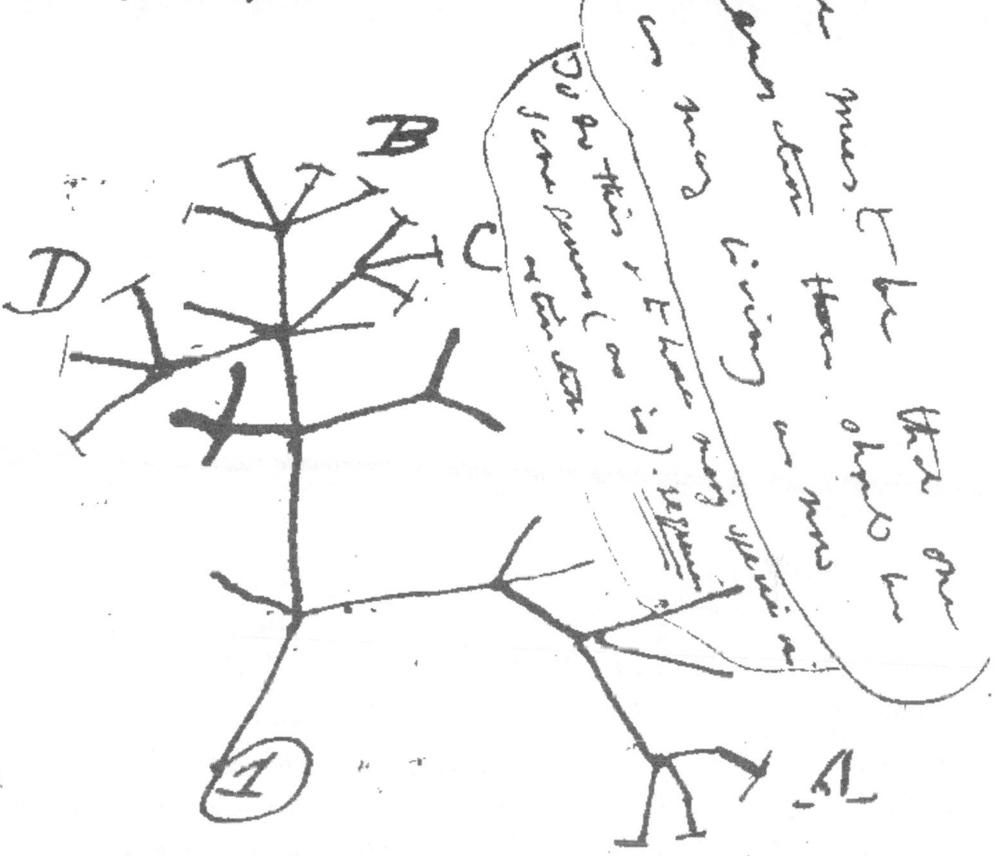

Thus between A & B. immense gap of relation. C & B. the finest gradation, B & D rather greater distinction. Thus genera would be formed. — bearing relation

title：

10個閃問穿越記者會

各位 書上的來賓大家好，歡迎參加「10個閃問穿越記者會」。今天的記者會有點特別，主持人小猩猩我，現在正在19世紀的英國，所以今天是穿越時空的SNG連線直播，因為我們的來賓身體不太好，沒有非常重要的事情是不會離開家裡的。大家也別問太「激烈」的問題，以免加重他的病情。事不宜遲，現在就讓我們歡迎今天的來賓，「猿來就是你」的生物學家──達爾文

達爾文先生您好，我是今天的主持人小猩猩，非常謝謝您接受我們的訪問，鏡頭那邊有好多您的粉絲，他們對您的演化論發展過程，非常有興趣，特別準備幾個問題來請教您：

首先第1個問題就是聽說您非常喜歡甲蟲，還喜歡打獵，是在上了小獵犬號以後，才決定要當個生物學家嗎？

這麼說也沒錯，不過要不是後來我身體不好，搞不好我還會繼續抓甲蟲跟打獵，然後兼差當個生物學家就好了，做研究很累，還要被罵個半死，但是養小動物跟做實驗就有趣多了，來來來，你看看這裡有我全部的甲蟲標本，這隻就是我曾經咬過

的那一款，你想嘗嘗牠的味道嗎？我的花園裡應該還可以找到活著的，等等給你試試看。

呃⋯⋯還是不必了，謝謝您。不過聽說您想跟著小獵犬號去探險，除了令尊不同意之外，一開始費茲洛伊船長也沒想要您，全都是因為您的鼻子？

對啊（摸鼻子）！費茲洛伊船長就是不夠科學，怎麼會相信有大鼻子的人個性不可靠這種荒謬的事。鼻子是用來呼吸的，一個人的鼻子會長怎樣，是跟個體的變異與遺傳有關，可惜他也不信我的演化論，還在牛津會議上大罵我，講到這裡我就⋯⋯啊，我頭好暈啊⋯⋯（閉目）

啊啊，真抱歉，問了讓您激動的問題了，趕快進行下一題。接下來的問題是，您在研究演化論的過程中，有哪些科學家的理論對您幫助最多？

這就太多了，請容我站起來說，以表達我的敬意。首先我要感謝我的恩師韓斯洛，他引介我進入自然史的世界，還介紹了小獵犬號的工作給我。感謝我的好朋友萊爾，他偉大的著作啟發了我，雖然他一開始還不信我的理論。還要感謝胡克，總是在關鍵時刻安慰我，還幫我擺平了華萊士。感謝華萊士沒有跟我爭這個優先權，感謝美國的研究學者格雷一直跟我通信，幫我釐清問題，感謝來自世界各地的好朋友寄來的標本，我有今天的成就都是因為你們的幫忙，我還要感謝……（麥克風降）

等……等一下，達爾文先生這不是頒獎典禮，您感謝的人太多了，您請坐，我們還要抓緊時間繼續下一題。您在演化論的研究過程中，會需要用到哪些科學能力？

嗯，如果你想要成為一個出色的生物學家，首先觀察力一定要很好。前面說過了，我喜歡打獵跟抓甲蟲，這都不是在玩啊，我的觀察力就是這樣訓練出來的。然後你要認真做實驗，才有足夠的證據支撐自己的理論，當然還要有點聯想力，這樣才能像我一樣從人口論想到演化論。最重要的是多閱讀跟練好你的寫作能力，你以為我的書為什麼那麼暢銷？就是因為我寫的大家都看得懂啊（驕傲）！

今天很高興可以有這個機會接受訪問，鏡頭那邊21世紀的朋友們，你們好（揮手）！！

真不愧是偉大的科學家跟暢銷作家。聽說您的版稅收入相當高，這些版稅加上您父親給的零用錢，一輩子不愁吃穿啊。

大家都說我是靠爸族，我爸是很有錢沒錯，但我自己也滿會賺錢的啦，我寫的每本書都超級暢銷的，你知道《物種原始》這本書，發行日當天就全部賣光光了嗎？真是誰能甲我比，所以再次強調，寫作力很重要！還有宣傳力，這都要謝謝我的好朋友赫胥黎，因為他在牛津會議一戰，讓大家都想看看這本書，真的是非常厲害的行銷手法！說到這，剛剛忘記講了，有好朋友也是很重要的（遠目）。

（笑）來談一談您跟華萊士的巧合好了，當您收到華萊士寄來的信，您的心裡什麼感覺？會很懊惱嗎？

豈止是懊惱（抱頭），簡直就是世界末日。還好有好朋友幫忙我處理好這件事。再次強調，有好朋友是非～～常重要的，大家一定要牢記。但我現在還是不太了解，為什麼會有這麼巧合的事情，不過這也剛好可以印證我的理論，只要環境相似，不同背景的人可以想出一樣的事情，嗯嗯，真是太有道理了，這個理論真棒，用在什麼領域都行得通（自戀ING）！

達爾文先生回來回來（搖晃），下一題，在您出版《物種原始》之後還有哪些問題是您還沒有解決的嗎？

講到這個（咳），我當時確實還沒有準備好，有些問題，像是遺傳是用什麼機制在進行的，我都還沒有想好。但這全都要怪華

我能成為一個科學家，最主要的原因是：對科學的愛好、思索問題的無限耐心、在觀察和搜集事實上的勤勉、一種創造力和豐富的常識。

萊士，如果不是他出來攪局，搞不好我再多做些實驗就能跟後來的孟德爾一樣找出遺傳機制，或許連DNA都能發現呢！

哇，達爾文先生真的都有在發落（follow）最新的研究訊息啊（認真）！

那是一定要的啊，我雖然足不出戶，但只要勤寫信就能夠掌握全世界（握拳）。

達爾文先生真的是非常好學不倦的科學家啊，雖然您沒有親上火線，但是當您的理論發表之後，很多人一直諷刺您，甚至把您畫成大猩猩，連您過世的時候，都還用諷刺畫來嘲笑您，關於這點，您怎麼看？

嗯，其實那些漫畫都畫得很好耶，我自己也有收藏（ㄎㄎ）。但我想事實會證明一切，聽說最近考古學家在南非又挖掘出了更原始的人種化石，人類從人猿演變而來是鐵錚錚的事實！我的好朋友赫胥黎說得好，可恥的不是有一個人猿祖先，而是那些不了解又帶著偏見的人。

達爾文先生的資料真的都有即時更新啊，連發現新化石都知道，佩服佩服。最後，想請問您有沒有什麼話想對21世紀的讀者說？

恩恩，多多做實驗，多多閱讀新知，謹記「物競天擇，適者生存」這句名言啊。喔，還有，多注意自己的健康。ㄜ……我胃又痛了……

好好，非常感謝達爾文先生接受我們的穿越訪問，回答了這麼多問題。因為他身體微恙的關係，我們今天的連線就到此結束，若是大家還有疑問，就不妨仔細找找這本書，一定可以解答您對的疑問，再次謝謝達爾文先生。閃問穿越記者會，我們下次見！

（拍手拍手拍手……）

▶ 諷刺版達爾文畫像

I think

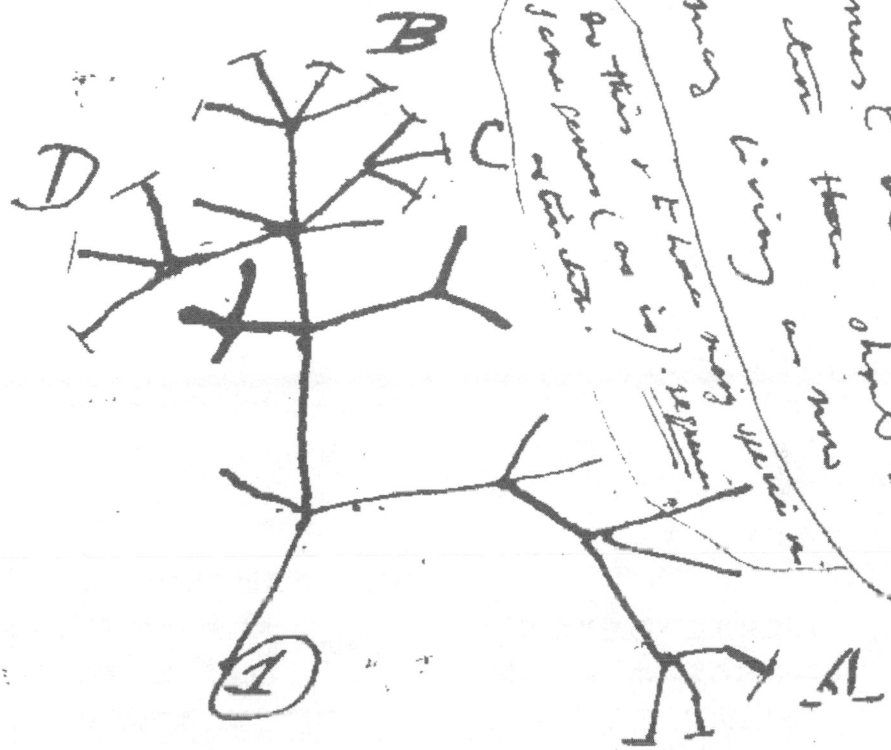

B

C

D

A

①

Thus between A & B. immense gap of relation. C & B. the finest gradation, B & D rather greater distinction Thus genera would be formed. — bearing relation

title：

天生的博物學家

1809 年2月，英國塞文河畔，舒茲伯利（Shrewsbury）鎮的芒特莊園裡，頗負聲望的紅牌醫師羅伯特·達爾文（Robert Darwin，達爾文之父）又添了一個兒子，儘管他的太太蘇珊娜這時已經高齡44歲，而他們也已經有了3個女兒跟1個兒子。他將這個排行老五的新生兒取名為查爾斯·羅伯特·達爾文（Charles Robert Darwin）。

阿爸的願望

達爾文家族自伊拉斯穆斯·達爾文（Erasmus Darwin，達爾文之祖父）這位傳奇人物開始，在英國的醫學界就佔有一席之地，羅伯特·達爾文繼承了父親的衣缽，也毫不遜色，不僅自愛丁堡醫學院畢業兩年後，就當上了皇家學會會員，行醫的事業也做得有聲有色，為自己賺進了大筆財富。他的太太蘇珊娜則來自英國最著名的瓷器製造商威基伍德（Wedgwood）家族。羅伯特與蘇珊娜對於孩子的教育非常重視，達爾文8歲時母親就將他送到附近的一所私立學校去就讀。不過隔年，蘇珊娜就因為重病而過世。達爾文的教育重任就落在姐姐卡洛琳與嚴格的羅伯特醫生身上。出身醫學世家，羅伯特希望自己的孩子日後也能成為一個醫生，對於達爾文與他的哥哥伊拉斯穆斯的課業因而特別重視。但羅伯特醫生的願望，似乎離這兩個兒子很遙遠，特別是達爾文，從小就讓他頭痛不已。

超級甲蟲控

小小達爾文對課業很不在行，但卻很早就展露出自然觀察的興趣。最喜歡在野外閒晃，蒐集各式各樣的東西以及抓昆蟲，尤其熱衷於蒐集不同品種的甲蟲。據説有一次他在野外找甲蟲時，當他剝開一張

▲ 芒特莊園是達爾文的出生地，位在英國的舒茲伯利（Shrewsbury）。

▲ 1827 年的愛丁堡大學

樹皮，發現了兩隻獨特的甲蟲，左右手各抓一隻的時候，竟然出現了第三隻新品種甲蟲，達爾文不想讓牠溜走，情急之下就把右手的那隻甲蟲塞到嘴哩，用牙齒輕輕咬住，準備去抓第三隻甲蟲，沒想到嘴裡的甲蟲竟然排出一種辛辣、噁心的液體，讓他忍不住吐出來。一陣慌亂之後，不僅原本抓到的甲蟲都跑掉了，連第三隻也沒抓到。身為這樣奮不顧身的超級甲蟲控，他還想出了許多蒐集昆蟲與製作標本的方法，這對他後來的研究大大有幫助，他還因為蒐集昆蟲的絕活，被列名在一本昆蟲圖鑑的感謝名單中。

15歲時，他有了一個新的嗜好，就是打獵。經常與舅舅、表兄弟們結伴去打獵，大自然裡挖掘不盡的寶藏，讓他流連忘返，課業之類的事情完全拋諸腦後。這段時間裡，他也鍛鍊了射擊的好身手，甚至想把「打獵」當成自己未來的職業。但他的父親羅伯特可不這樣想，看著課業成績不佳、整天「無所事事」、沉迷打獵跟蒐集昆蟲的兒子，終於忍無可忍，在達爾文16歲這年，把他從鎮上的學校轉學，送進愛丁堡大學去學醫。

學術研究初體驗

事實上，在達爾文來到愛丁堡的前一年，同樣背負著父親願望的哥哥伊拉斯穆斯早就被送到這裡就讀。兄弟兩人同住一起，對於醫學院的課程都一樣不怎麼感興趣。上了幾天課，達爾文就覺得醫學課很無聊，人體解剖學也不有趣，唯獨自然史這門課程深深吸引他。他常常去造

訪學校裡的博物館，因此認識了博物學家羅伯特·格蘭特（Robert Edmond Grant）。年長達爾文10多歲的格蘭特，原本也是學醫，後來對於自然科學很有興趣，開始從事海洋生物的研究，後來成為一位重要的動物學與比較解剖學的教授。達爾文經常跟著格蘭特到海邊去採集生物，並且進行解剖研究。

格蘭特同時也是當時很前衛的「拉馬克演化論」學說的信徒，他經常告訴達爾文有關於拉馬克演化論的一些理論觀點，只是當時的達爾文很熱衷於自然觀察，對於理論這件事情沒有多大的興趣。不過，在格蘭特的引導下，男大生達爾文每天往海邊跑，還跟漁夫都變成好朋友，在他們熱情提供樣本之下，達爾文在海洋生物的研究上有了2個重大的發現，並寫成了兩篇科學論文，受到格蘭特大大的讚賞，並且安排他在一個專門給大學生發表論文的學會上宣讀，受到極大的好評，最後他還被選為這個學會的委員。

逃出醫學院

活躍於自然科學領域的達爾文，卻在醫學的領域上完全沒有進展，可以想見他的父親有多麼火大。在愛丁堡2年後，1827年這個秋天，達爾文回到舒茲伯利，決心跟父親攤牌。因為醫學課程無聊還不打緊，對達爾文來說，在那個年代當一個醫生跟殺人魔開膛手傑克簡直沒兩樣，真是太恐怖了。

試想一下，在沒有麻醉的狀況下進行手術，是怎麼個慘烈的狀況，嗯……大約就是古代凌遲的酷刑那樣。沒錯，達爾文雖然生在19世紀初期，當時醫學也已有長足進步，但有效的麻醉藥還沒有被發明出來。當時若要進行外科手術，難不成要像關公一樣灌酒以後，淡定的接受醫生的刮骨療毒？是的，許多病人在接受手術之前確實就是把自己瘋狂灌醉，即使如此，手術的劇痛讓他們絕不可能淡定的一邊讀書一邊讓醫生切掉自己的手腳。在那個時代，施行手術對病人跟醫生而言，都是非常殘酷，手術室裡總是充滿慘絕人寰的嚎叫。為了減輕病人的痛苦，身為一個好的外科醫生，必須要能做到快、狠、準。當時最著名的外科醫師李斯頓號稱從切除到縫合只需要花掉2分鐘，不過也因為這麼快，讓他曾經在過程中不小心把助手的手

▶ 羅伯特·格蘭特（Robert Edmond Grant），英國第一位比較解剖學教授，他在動物研究領域有很大的影響力。他是第一位指出海洋生物的海綿、海筆等等是屬於動物，後人為了紀念他的成就，還以他的名字來命名一種海綿（Grantia）。

指頭一起切掉。總之，那是一個血淋淋的殺戮戰場。達爾文自己曾經參加過2次這種可怕的手術，但手術都沒做完，他就逃跑了，因為他實在沒有辦法目睹病人承受極大痛苦的樣子，也很怕看到血跟死人，他更加確定自己沒有辦法繼承家族的衣缽，成為一名醫生。

羅伯特醫生儘管感到很失望，但也明白這勉強不來，不過他也沒準備放手，他與達爾文達成協議，既然當不成醫生，那就選擇另外一個當時的熱門職業──鄉村牧師吧。

大自然才是王道！

達爾文19歲這年，無縫接軌的從愛丁堡醫學大學來到劍橋大學開始了他第二生涯選擇──神學訓練。但劍橋大學裡的自然科學課程，那麼吸引人，達爾文沒多久便又一頭栽入而不可自拔，什麼基本神學、語文課等成為一個牧師必備的課程，立刻全被扔到一邊去。但重要的是，他在這裡結識了影響一輩子的關鍵人物──植物學教授韓斯洛（John Stevens Henslow）。韓斯洛非常博學，植物學、昆蟲學、地質學和礦物學等等都有所涉獵，更經常帶著學生到野外去徒步旅行。達爾文與韓斯洛成為非常要好的朋友，兩個人經常一起散步、打獵以及蒐集昆蟲。達爾文關於博物學的知識，多半在這個時期奠下基礎。透過韓斯洛，達爾文也認識

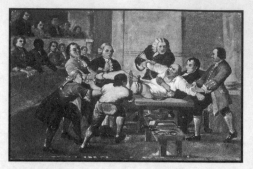

▲ 19世紀沒有麻醉的手術狀況圖

了許多動物學家、植物學家跟哲學家。

但有了愛丁堡的前車之鑑，再加上父親曾經寫過一封信痛罵他：「只會打獵、玩狗、抓老鼠，什麼都不關心，不僅會讓自己丟臉，更會讓家族蒙羞。」達爾文稍微收斂一些，不想讓父親太失望。雖然逃避正規課程，但每逢考試，他就藉由補習與臨時抱佛腳，學業勉強過關。1831年1月底，歷經一段艱苦的考前準備之後，他總算獲得了劍橋大學的學位。畢業後，他還是在劍橋待了一段時間，有空就抓抓甲蟲、旅行、打獵。之後，地質學家塞吉維克（Adam Sedgwick）邀請他一起到北威爾斯進行地質學的田野調查，並運用他們發現的化石來研究地質的演化，達爾文在這個過程中學會了分析地質的方法。不過這段地質採集旅行，途中卻因為塞吉維克無端懷疑隨從偷竊，達爾文挺身而出為這位隨從辯護，兩人因而產生了爭執，最後不歡而散。達爾文自己走完後面的旅程，一個人回到芒特莊園時，命運女神正在那裡等著他。

達爾文的家族樹

祖父
Erasmus
Darwin

羅伯特・達爾文
Robert Waring Darwin
1766年～1848年
是位醫生，日後也獲選
為英國皇家學會會員。

蘇珊娜・威基伍德
Susannah Wedgewood
1765年～1817年
則是來自英國最著名的陶器
商威基伍德（Wedgwood）
家族，母親則在達爾文8歲
的時候就過世了。

父親
Robert Darwin

母親

查爾斯・達爾文
Charles Robert Darwin
1809年～1882年
達爾文排行老五，有1個哥
哥，3個姊姊以及1個妹妹。

大姊	二姊	三姊	哥哥	達爾文
Marianne	Caroline	Susan	Erasmas Alvey	Charles Robert Darwin

| Willam Erasmus | Anne Elizabeth（長女） | | Mary Eleanor（早夭） | Henrietta Emma | George Howard |

達爾文的祖父：伊拉斯穆斯・達爾文
（Erasmus Darwin，1731年～1802年）

伊拉斯穆斯・達爾文是一位醫生，自愛丁堡大學畢業以後開始行醫。不過他對許多學科都有興趣。他非常熱衷於研究植物學，曾經購買了數公頃的土地，打造一座植物園。他也是一位詩人，寫詩歌詠自然，

並且把自己對於宇宙自然的想法，融入其中。同時他也是早期演化思想的擁護者。曾經出版《動物原理》與《植物原理》二書，闡釋自己的觀點。不過他在論證演化的過程、物種的起源等部分並沒有提出證

據來證明，多半流於猜想與臆測，對達爾文日後的理論發展影響不大。他與英國知名陶器商威基伍德的創辦人約書亞・威基伍德交情很好，這兩個家族因為聯姻而有緊密的交情，被稱為達爾文-威基伍德家族（Darwin-Wedgwood family），兩個家族至少有10人是英國皇家學會的成員，在各個領域都有傑出的表現。

舅舅（Josiah Wedgwood of Maer）　　　舅媽

妹妹

愛瑪・威基伍德
Emma Wedgewood
1808年～1896年
是達爾文的表姊。

Elizabeth　　Framcis　　Leonard　　Horace　　Charles Waring（早夭）

小獵犬號尋人記

我們需要一個「有良好教養、從事科學，而且能與船長分享住宿的人」。

（歡迎有志人士毛遂自薦，謝絕不實推銷，非誠勿擾。）

① **資格**
愛好自然史的學者，對世界萬物極有興趣。

② **工作內容**
隨小獵犬號世界趴趴走，發現新物種，採集標本，進行分類。

③ **工作時數**
一天24小時，一年365天，為期5年。

④ **薪資**
這個工作純屬義務性質，恕不支薪，航行期間的船票和生活開支也請自備喔（哇）。

千載難逢的考察機會

1831年8月某日，達爾文剛結束了與地質學家塞吉維克那段不愉快的調查之旅，一個人回到芒特莊園時，一封寄自韓斯洛的信被交到他手中。信中韓斯洛提到一艘隸屬海軍的軍艦「小獵犬號」即將前往南美進行測量旅行，正在徵求一名適合的博物學家，隨船考察。韓斯洛在信中大力鼓吹達爾文一定要把握這個機會。本來就

喜歡在野外趴趴走的達爾文，一看到這個消息，馬上準備回信給韓斯洛爭取這個機會。不過，這時有個陰影閃過他的腦海，事情恐怕不會像他想的那麼簡單，因為他還得過父親這一關。

不出所料，羅伯特醫生聽到兒子竟然又想要放棄他安排好的牧師之路，去參加一個不知道在幹嘛的小獵犬號遠航，當個聽起來很沒出息的博物學家，他馬上表示反對，不僅如此，還列了一整張達爾文不該接受這個職位的理由，並且告訴達爾文：「如果你能找到一個頭腦清楚的人支持你，那我就會同意。」被父親潑了一整盆冷水的達爾文，心灰意冷但非常恭敬的回了一封信，告訴韓斯洛自己不能接受這個邀請。心情惡劣的他，騎著馬去威基伍德家取暖。經常跟達爾文一起去野外旅行跟打獵的舅舅、表兄弟姊妹們，一聽到達爾文的遭遇，紛紛認為達爾文應該積極去爭取這個機會，舅舅喬書亞·威基伍德甚至還幫他回了一張應該加入小獵犬號的理由給羅伯特醫生。舅舅果然是極有份量的，達爾文的父親非常重視喬書亞的意見，最後不僅同意達爾文參與小獵犬號的航行，並且支付了這段航行期間所有的費用，更幫他雇用了一名助手。

這時達爾文也積極起來了，獲得父親同意後的隔天，他馬上趕到劍橋大學去見他

的老師韓斯洛，但卻沒想到達爾文再度碰了一鼻子灰。

船長的憂心

小獵犬號的徵人啟事是由船長費茲洛伊所發的。這位年輕的船長出身軍事世家，大學一畢業馬上成為小獵犬號的見習軍官。1826年，跟隨著小獵犬號第一次出航前往南美，但沒想到才正要抵達目的地時，艦長普林格爾·史托克（Pringle Stokes）竟然自殺了。出身顯赫軍事世家的費茲洛伊雖然剛剛畢業沒多久，但立刻臨危受命成為艦長，在他的指揮之下，小獵犬號才得以順利返航。費茲洛伊也因此聲名大噪，當1831年小獵犬號準備進行第二次遠航考察時，船長正是費茲洛伊，這次考察目的為勘查南美洲以及火地島的海岸。在決定這次出航後，他向海軍部提出希望找一個能夠陪伴他的博物學家的請求。這個要求獲得同意，當時的皇家艦隊指揮官波佛船長寫信給劍橋大學皮卡克教授問他有沒有適合的人選，而皮卡克便將這個訊息又轉給韓斯洛。

然而費茲洛伊為何要開出這樣的需求？原來當時的軍艦有很嚴格的階級規範，通常船長只能一個人吃飯、一個人待在船長室裡，在漫長的旅程中，大部分的時間都處於獨處的狀態。而管理軍艦、出海遠航又是一個充滿各種危險的任務，可以想見船長的工作壓力有多大，如果沒有人可以

講話，很容易就會有精神方面的問題，最壞的狀況就會像是小獵犬號第一任船長一樣，自殺收場。費茲洛伊還有額外擔心一點，那就是他的家族當中也不乏有精神錯亂而自殺的人，所以開出這個職缺，最主要的用意是要避免他自己在航程中發瘋。也因此這個伴遊的人選就更重要了，不僅要身分地位能跟船長匹配得上，還要符合船長對博物學的嗜好，最好還很健談、好脾氣等。所以當皇家艦隊發出徵人啟事之後，船長這方也正在接洽自己屬意的人選。

當達爾文好不容易終於獲得父親的同意後，到了劍橋卻接到消息說費茲洛伊並不想用他。達爾文又再度被澆了一大盆冷水，但他的老師韓斯洛要他不要放棄，不僅找了一個與費茲洛伊有著深厚交情的有力人士來推薦，還要達爾文立刻趕到倫敦去見費茲洛伊。這次命運女神終於站在達爾文這邊，當他們兩人見面之後，費茲洛伊告訴達爾文原本他希望邀請一位自己的朋友參與這次旅行，不過這個朋友剛剛拒絕了他。達爾文就這樣得到了隨同小獵犬號出航的機會。

◀ 羅伯·費茲洛伊
（Robert Fitz-Roy，
1805年～1865年）

在船長身邊的日子

達爾文與費茲洛伊見過面後，對他的印象非常好，覺得費茲洛伊具有紳士風度、彬彬有禮。小獵犬號開航以後，在船上朝夕相處，達爾文更發現費茲洛伊是一個具有決心與勇氣的人，不愧為船長的料。但另一方面，他卻又是個陰晴不定的人，平時待人相當熱情，但發起脾氣來比熱帶風暴還要猛烈。儘管他對達爾文很友善，但達爾文還是覺得他實在不容易相處。

在小獵犬航行的過程中，他們曾經有過幾次嚴重的爭吵。一次是航行到巴西時，達爾文聽聞了奴隸買賣與黑奴的悲慘生活，非常憤慨。但費茲洛伊卻有不同的立場，他大讚奴隸制度的好處，還告訴達爾文，有一次某個奴隸主把這些奴隸集合起來，問他們是否滿意現在的生活，所有的奴隸們都大聲回答：「滿意！」可見奴隸制度多麼成功。但達爾文卻不以為然，他冷冷的回應說：「當著奴隸主的面，他們敢說不滿意嗎？」費茲洛伊聽了他的話，惱羞成怒，認為達爾文竟敢質疑他，那就不要繼續待在船上。船長大發一頓脾氣，達爾文心想自己等會應該就會被趕下船了吧。正在悶悶不樂的時候，船上的其他船員過來邀請達爾文與他們一起用餐（達爾文平常是跟船長一起用餐），藉以表達他們對達爾文的支持。而船長費茲洛伊則找來船上的大副對他碎念達爾文的不是。幾個小時過後，達爾文非但沒有被趕下船，費茲洛伊還派人去向他道歉。

還有一次衝突，是因為疲累的費茲洛伊突然間情緒失控，對達爾文莫名的暴跳如雷，這時船隻正停靠在岸邊，達爾文決定去避避風頭，不發一語的下了船。幾天後再回到船上，費茲洛伊見到他彷彿什麼事情都沒有發生，對他非常友善。倒是船上的大副來拜託達爾文，請他不要再跟船長吵架了，否則每次他都得陪著船長一邊在甲板上散步，一邊聽他咒罵達爾文直到深夜，真是最大的受害者。

就在這樣風風雨雨之後，兩人終於也順利

小獵犬號擱淺圖

走完了這五年的航程。但費茲洛伊像顆不定時炸彈的脾氣，讓達爾文避之唯恐不及。即使回到英國以後，看到費茲洛伊都還是要小心翼翼，深怕一個不小心又踩到他的雷。不過兩人的友誼，在達爾文發表《物種源始》這本書之後，還是徹底決裂了。篤信宗教的費茲洛伊聽到達爾文這些「離經叛道」的理論非常生氣，公開反對他。晚年的費茲洛伊自己因為生活困窘，再加上其他的不順遂，最後還是走上了自殺一途，無法逃脫自己當年極力想避免的命運。

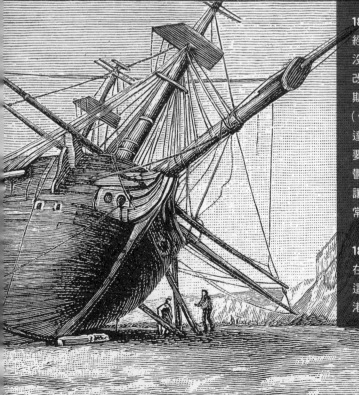

1831.10.
達爾文向家人告別，來到小獵犬號停靠的普利茅斯港等候出航。

1831.11月底
原本預定10月就要出航，但過程卻一波三折，首先因為修繕工作延宕，一直到11月底才完成。

1831.12.10
好不容易準備出航時又遇到惡劣天氣，因此一路延宕到12月10日才終於啟程出海。但沒想到一出航就遇到了暴風，只得掉頭回港等候。

1831.12.20
經過10天，小獵犬號再度啟程，但沒多久因為軍艦觸礁，再加上風向改變，小獵犬好只得再回到普利茅斯港等候。
（但這2個月裡，三番兩次的來回，達爾文不僅深受暈船之苦，同時要與家人朋友這麼長時間分別的憂鬱，以及英國著名的冬季壞氣候都讓他的心情愈來愈痿頓。他甚至經常感到心悸、心絞痛等身體不適。）

1831.12.27
在聖誕節過後，終於在12月27日這天，小獵犬號順利開出普利茅斯港，展開了為期5年的旅程。

title：
成為科學家的覺醒！

當20歲出頭的年輕達爾文乘著小獵犬號出航時，剛剛從學校畢業的他，可能根本沒想過要成為一個怎樣的學者。記得不久前，他父親對他的期望是成為一個牧師，而他自己則想當一個獵人呢！但在小獵犬號出發以後，他的命運就改變了，而這一切都是由船長交給他的一本書開始的。

當達爾文準備隨著小獵犬號出航之際，老師韓斯洛建議他可以先研讀萊爾（Charles Lyell）剛剛出版的《地質學原理》（Principles of Geology）第一冊，達爾文還沒有自己去買，同樣對地質學與生物學有興趣的船長，就很有默契的送給他一本，讓他在漫長的旅途中打發時間。不過，當時韓斯洛加了一個但書，請達爾文看看就好，不要接受書中的觀點，因為萊爾在書中提出的觀點與當時流行的地質學觀念很不一樣。

一切都是神的完美創造

直到19世紀初期，人們對於大自然各種現象的研究目的，主要是為了了解上帝。不管是哪一個領域的研究者，他們採集生物、觀察自然，最重要的都是要用來佐證上帝的存在。當時最著名的一本書《自然

▲ 查爾斯·萊爾（Charles Lyell，1797年～1875年）爵士，出生於英國蘇格蘭，是律師也是地質學家，是「均變論」的重要論述者，最有名的著作是《地質學原理》。父親是植物學家，是第一個讓萊爾接觸自然學的人。

神學：由自然現象所得的上帝存在與特性的證據》，正是這個論點的代表作。作者佩利（William Paley）是一個副主教，他在書中做了一個有趣的比喻，他說如果你在路上撿到一隻手錶，可想而知，那個手錶一定是某個工匠所創造的。換句話說，當你在自然界中看到了各式各樣精巧且完全符合周遭環境的設計時，那必定就是某個全能的造物主所創造出來的。但造物主也不是胡亂創作的，我們所看到多樣的大自然現象，其實背後都是由幾個有限的基本模型或是原型所變化出來的。就像是三角形永遠只有3個邊，以生物界而言，狗則永遠是狗，就算牠有不同的外貌。

自然神學影響很巨大，也可以說是當時學術的主流，達爾文在劍橋讀書的時候也曾經讀過這本書，他甚至都能倒背如流。不過，也不是所有的人都滿意這樣的詮釋，特別是當地質學家在地層中發現更多的證據，以及海外考察帶來更多樣西方世界所沒有的動植物與化石之後，人們開始對自然神學有了不同的詮釋，特別是在地質學中，因為那些地質樣貌與化石證據就活生生地出現在每個人面前，不容置疑。

那時期的地質學者普遍同意地球是變動的，但至於地球是怎麼變化，大家的看法就不太一樣了。法國古生物學家居維葉（Georges Cuvier）提出災變論，他仔細研究與比較地層中的生物化石，發現不同地層有不同的生物化石，而且古老的地層裡面的生物化石型態就愈簡單，而且

跟現在我們看到的生物相比，差異愈大。之所以會有這樣的差別，甚至有物種的消失，都是因為歷史上必定發生過突發的大災變，例如海洋上升為陸地、陸地下沉為海洋、火山爆發、洪水氾濫等等，這些變化都是突然發生的，而且不止一次。發生災變的地區的物種會因此滅絕。過一段時間，其他地區的物種遷移過來，形成了與原來完全不同的生物群。所以我們才會在不同的地層裡看到不同的生物化石。根據他的推論，這種巨大的災變共有4次，最後一次是在距今五、六千年以前的大洪水，也就是挪亞方舟那次洪水。最終他把災變論跟聖經也做了連結。達爾文的老師韓斯洛、地質學家塞吉威克，甚至達爾文本人當時都是災變論的信徒。

把自然從神的手中解放出來

但地質學家萊爾卻不滿意這樣的臆測，他受到蘇格蘭地質學家赫頓（James Hutton）的啟發，赫頓從實際觀察火山的行動中，發現了地質規律的循環法則。萊爾在《地質學原理》一書中，將這個觀點更完整的陳述，他認為地質的變化並不是一個劇烈的走向，而是緩慢循環的過程，例如一座火山的形成並不是一次噴發造就的，而是一次又一次的噴發累積所形成的，地質的作用是長時間、漸進的產生。只要我們能找出現在的變化原因，理論上就有可能解釋這個世界

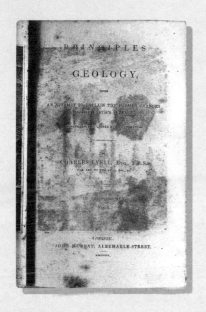

▲《地質學原理》第一冊實體書封面。1830年～1833年之間分成3冊先後出版，達爾文在小獵犬號航行期間拜讀這套書，進而成為支持「均變論」的信徒，認為大自然的形成都是經過長時間累積變化的結果。其中著名的名言是，「現在是了解過去的一把鑰匙（The present is the key to the past）」。

為什麼會是這個樣子，這就是「均變論」（Uniformitarianism，又稱「同一律」）。

這兩種詮釋自然的理論最大的差異在於，災變論者深受神學的影響，以此來推斷地球所有的變化、物種的滅絕等等彼此之間毫無關連，這一切來自於神的創造，神決定做出什麼物種，當然也能決定什麼物種必須消失。但均變論主張地質組織的變化是規律的，由規則所支配的，透過現在可以被觀察到的自然現象，研究現在的地質作用，就可以找到這個規律，用這個規律就能詮釋過去與未來的地質發展。均

▼《地質學原理》第九版實體書。在萊爾去世之前，這本書一共經過12次修訂及改版，前面4冊最為完整，第一冊講述地質學發展史以及古今地質變化的原理。第二冊講述無機質世界正在進行的各種地質變化。第三冊的內容是，有機物世界的自然選擇、分布和遷徙等，以及在人工環境中培植所引發的變化。第四冊則是地質學的基本內容。

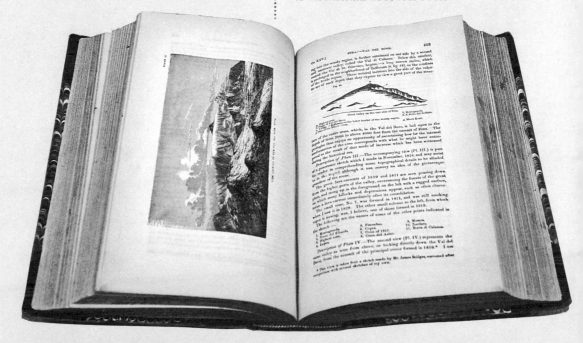

變論讓地質學脫離了神的掌握，把這個學問放到科學客觀的領域中。

從實地觀察中印證理論

達爾文在航程中研讀萊爾的著作，當他們航行到佛得角群島中最大島嶼聖牙哥（St. Jago）的時候，船一靠岸，達爾文就發現了那個能印證萊爾理論的證據。他看到海邊的峭壁上有一道白色帶狀紋路，綿延好幾英哩長，距離水平面大約45英呎。仔細觀察可以發現，這條岩層是由受到高溫烘烤過後的珊瑚與貝殼所形成，而它的上下兩層則是深色火山岩。他又另外觀察到這個島嶼上有一些因為氣候侵蝕而不容易辨識的火山口。而岩層中的貝類與他在海岸所蒐集到的貝類又是同一種。從這種種跡象判斷，島嶼上的火山曾經噴發出熾熱的岩漿，流到海底去，將海中的珊瑚貝類殺死並覆蓋，之後，這些地層一同

緩慢上升，一直到今天所見的高度，所有這些過程一定歷經非常長久的時間，因為火山口都已經被侵蝕到難以分辨了。這一切驗證了萊爾所說的地質的變動是緩慢的過程，達爾文為了這個發現興奮不已。

接下來的航程裡，達爾文一邊研讀萊爾的著作，每到一個新的地區就檢查那裡的地質，並做完整的紀錄。有一天，當他站在一道熔岩峭壁旁，腳下踩著的水窪裡的珊瑚時，他突然靈光一閃，搞不好自己可以寫一本比較世界各地地質的書！第一次，玩票的貴公子達爾文發現了自己人生的召喚，就是成為一個地質學家！他為了這個想法，興奮不已，甚至在當天的日記中寫下：「今天真是燦爛的一天，就像瞎子見到光芒一樣！」達爾文對地質學是認真的，不是隨便想想而已。在南美的考察過程中，他整理了對許多珊瑚礁的觀察，以及受到一次大地震的啟發，在學界發表兩個重要的地質學報告，受到極大的好評。所以當達爾文回到倫敦時，人們將他當成一位前途無量的地質學家，他也因而有機會認識萊爾，成為終身的摯友。

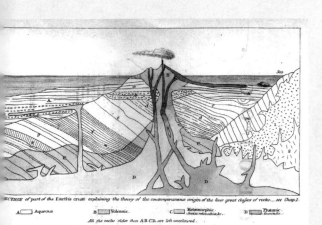

▲這是1857年美國出版的《地質學原理》第二版的卷頭插畫

title： 小獵犬號的配備與任務

自從 16世紀地理大發現之後，西歐各國為了經濟與軍事目的，開始非常積極進行海外探險，以尋找海外殖民地，擴張自己的領土。在達爾文的年代，這樣的風氣還很興盛。1831年，英國海軍部希望能派遣一艘小型船艦去勘測南美的火地島及其周邊。小獵犬號在同年7月4日受到徵召，執行這項任務。船長費茲洛伊一接到這項任務，面對這趟將維持數年的航行，立刻開始進行各項準備。

▼小獵犬號剖面圖

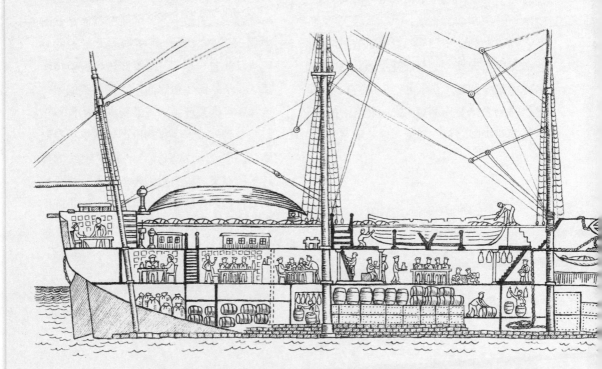

小獵犬號是由亨利・皮克（Henry Peake）爵士於1807年所設計，之後經過非常多次的修改，於1820年打造完成。由於沒有立即要行的任務，閒置了幾年之後，1825年，史托克才被任名為小獵犬號的船長，1826年展開第一次的遠航。這次長達5年的航行，讓小獵犬號的船體受損嚴重。因此當費茲洛伊船長接到這次的遠航任務時，第一件事情便是將小獵犬號進行檢查與大規模修繕。

▼小獵犬號俯視圖

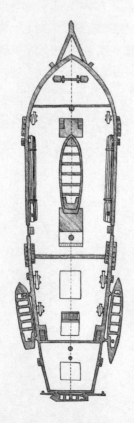

船體修繕

根據費茲洛伊的紀錄，小獵犬號這次除了進行甲板的更換，他還進行了內部設計的調動，把上層甲板大幅提高，讓船員住起來更加舒適。另外在船底也做了更堅固的強化，先加釘一層冷杉板，上頭覆蓋毛毯，再釘上一層銅片。船上的舵、火爐、繩索、船帆等等全部換新，剛剛發明出來的新科技避雷導線，也被運用在這艘船艦上，安裝在所有的桅杆、船首以及船帆上。另外，還特製了6艘小船，牢牢的安裝在主船的上。經過這個大規模的整修，小獵犬號的噸位從原本的235噸增加到240噸。

食品、藥品、工具

船上也攜帶了大量的食品，特別是當時認為可以對抗壞血病的蘋果乾、檸檬汁等。為了預防長時間航海可能會遇到的生病、受傷的狀況，也準備了大量的抗菌劑，當然也沒忘記備妥航程中採集與保存標本用的物品，以及探測海岸線與經緯度的各種儀器，費茲洛伊甚至自豪的記下，在自己的艙房裡就放了22個經緯儀。另外他還攜帶不少書籍，為了讓這些書有儲存的空間與防止潮濕，他還花了一番功夫。

船上人員

船上的正式編制人員有65名，包含了指揮官、大副、醫生、木匠、文書人員，以及海軍士兵、水手、僕役等。另外還有超編的人員，除了擔任博物學家的達爾文與他的助手之外。還有一個藝術家，負責繪圖，這個人員的伙食費用是由海軍支付。另外，船長也聘僱一個私人助理，主要的工作是照顧與修理船上大量的精密儀器。隨船還有3位特別的乘客，是在上一次航程中帶回來的3位火地島人。加上這些超編的人員，出發時船上的員額總共有74名。

任務

小獵犬號這次的航行，主要是受英國海軍部指揮，英國海軍發給船長一份非常詳細的備忘錄，根據這份備忘錄，小獵犬號最重要的勘測任務就是確認某些重要或有爭議的地點的經緯度，例如里約熱內盧的經度。以及確認一些小島的正確位置，考察地圖上幾個有問題的港口、海岸，並予以更正，最好還能夠在一些危險的海岸線上，找到可供停泊的港口，以利日後軍隊或船艦的造訪。

每個人在航行中工作都非常繁重，船長不僅要指揮這些勘測工作，還得親自參與其中，有時也必須駕著小艇到岸上，或冒險深入峽灣觀測。當船上的人員忙著勘測任務時，達爾文則進行著他的自然考察。有時候他會陪同船長到某處去踏查，只不過船長關心的可能是海岸的狀態，達爾文注意到的則是岸上的地質與生物。有時船長也會將達爾文與其他人留置在岸上，讓他們獨自進行考察，而船艦則開往他處去補給或者進行其他任務，等到了約定好的時間，再到指定地點上船。所以在這5年的航行期間，達爾文也在南美大陸上度過不少時光，蒐集了非常豐

▲小獵犬號航行地圖

富的標本，對於南美大陸的地形、地質也都做了珍貴的紀錄。

溫馨提醒

英國海軍部最後還溫馨提醒小獵犬號，航行與勘測期間，面對當地的土著要特別小心，要用「好脾氣與警戒心」來應對，以免發生暴力事件。在達爾文的《小獵犬號航行記》中記載著，小獵犬號待在智利布蘭卡港時，該地動盪不安，西班牙的軍隊正與印地安人的部落進行戰爭，戰況非常慘烈，西班牙有一隊駐軍遭到印地安人殲滅，不過印地安人最後也慘遭大屠殺。許多印地安人被迫離開自己的村莊，漂泊在平原上，沒有家也沒有固定的生計。這些紀錄，讓後人得以看見歐洲列強在南美擴張領土時，對當地居民所帶來的影響與殘酷的改變。

火地島人改造計畫！

▲圖為巴塔哥尼亞的格雷戈里灣（Patagonians at Gregory Bay），火地島原住民敘述從小獵犬號探險和航行回來之後，在南美洲所經歷的種種事情。

這 次小獵犬號出航，有三位特別的乘客，他們是來自火地島的吉米・巴頓、約克・明斯特，以及個性沉著的女孩菲吉・巴斯凱特。這三位是不折不扣的火地島土著。根據紀錄，火地島人把駝皮製成的披風披在肩膀上，除此之外，沒有其他太多遮蔽身體的衣物，而且皮膚呈現髒髒的紅銅色。當費茲洛伊船長第一次造訪火地島時，想必也被這個民族特殊的文化所震撼，於是他想到一個改造計畫，那次的造訪他帶走了4個火地島人，準備回到英國後來個大改造，讓他們變成「文明人」。不過其中一名在上船後沒多久，便感染天花過世了。剩下的3位，2男1女，順利抵達英國，費茲洛伊花了一番功夫讓他們穿上西服，學習所謂的西方文明，這3個人甚至還被引介，見到了英國國王與王后。一年後，費茲洛伊相信他們已經徹底學會文明，便允諾帶他們回到故鄉，並且希望他們也能把「文明世界」的一切，傳遞給族人。

當他們回到火地島時，達爾文觀察到火地島人對於這3個受過西方文化的族人的態度非常有趣，顯然對於他們的改變感到好奇與迷惑。最後這3個火地島人以及一名傳教士留在火地島，但據說後來費茲洛伊的改造計畫並沒有成功，火地島人很快的回復原本的樣子。只不過在親眼見識到南美大陸上與西方截然不同的族群的生活形態，也帶給達爾文不小的衝擊，他在回顧這段旅程時，曾說最讓他驚訝的是初次見到生存在原居地的這些「野蠻人」，這些人讓他想到一個問題：我們的祖先是否跟這些人一樣？這些見聞以及在心中所升起的諸多疑問，成為他日後思考演化論與人類起源的重要養分。

title： # 加拉巴哥群島的啓示

提到 達爾文與演化論，大家很容易就會聯想到加拉巴哥群島（Galapagos Island），感覺就好像達爾文在登上這座島嶼，停留了1個月之後，演化論就在他腦中誕生了一般。但事實並非如此。加拉巴哥群島在達爾文的演化論中確實占有很重要的部分，不過那是達爾文回到英國後，開始整理自己的蒐集與想法之後才漸漸變得清晰。

在抵達加拉巴哥群島之前，達爾文在南美洲考察的時間已經長達3年多，在這段期間裡他親自挖掘了許多令他感到驚奇與困惑的化石，例如已經絕種的劍齒獸，以及跟現生物種差異很大的大樹懶、大犰狳。另外，也發現了跟美洲鴕鳥長得很像的美洲小鴕，後來證實這也是一個新物種。在安地斯山脈考察的時候，他發現同一座山脈兩側的生物卻大大不同，這些發現，讓達爾文心中的迷團越來越大，因為這一切都在在抵觸了當時最火紅的學說「創造論」。

一切都是上帝的安排

當時的人相信世界上所有的生物，都是神所創造出來的，又因為是神所創造的，當然每一個生物的樣子都是最完美、最合適的，而且一經創造後不可能改變，即使有改變也會在這個物種的範圍內改變，不可能演變成新物種，甚至也不會有「絕種」這件事。

但是隨著在地層中挖掘出愈來愈多化石，人們開始發現這個論點好像有點說不通。透過分類與比較，法國最厲害的解剖學兼自然學者居維葉第一個提出「滅絕說」，他告訴大家生物是會絕種的，但絕種的原因則是因為地球上突然發生的大災變所造成的，例如他發現了一個已經滅絕的古老大象化石，認為此種大象的滅絕就是因為聖經裡提到的大洪水，沒來得及躲到諾亞方舟裡就被凍死了。所以對居維葉跟他的隊友來說，動物的滅絕絕對不是演化造成的，由上帝創造的物種，當然是祂自己動手砍掉重練。

另外，海外旅行帶回愈來愈多的標本與生物，大量的生物證據顯示，有些生物明明看起來很像，但某個部分卻差異大到很將他們難歸納為同一個物種。於是有一

群人開始思考這樣的問題：會不會這個世界的物種，都是由同樣的祖先演化而來的？這就是早期演化生物學所提出來的問題。生物會自己擅自改變外觀，這個說法實在太驚世駭俗，等於直接挑戰上帝的權力，當然一出現馬上就被打趴。就連啟蒙了達爾文的萊爾，在地質學那麼勇於創新的人，一進入了生物的領域馬上也站過去創造論陣營，在他的《地質學原理》第二冊猛烈攻擊當時演化論的代表人物法國自然學者拉馬克（Jean-Baptiste Lamarck，1744年～1829年）提出的觀點。達爾文親眼見證過那麼多的生物及化石證據，他心中開始盤旋著「物種會改變嗎？」以及「如果會，那麼這些改變是怎麼發生的？」等等這些問題，他沒有同意萊爾的觀點，但也還沒有找到答案。之後，來自加拉巴哥群島的這群奇妙的生物們，即將帶給他最重要的啟發。

自成一個小生態的加拉巴哥群島

加拉巴哥群島目前隸屬於厄瓜多，但它距離厄瓜多有1,000多公里遠，由13個散布在赤道附近小島所組成。達爾文造訪加拉巴哥群島時，觀察到這是一個由新生的火山島所組成的群島，每個島上都有火山口的遺跡或者正在活動的火山，也因此土地很貧瘠，生物也不多。儘管如此，他也注意到這個群島的自然生態彷彿自成一個小世界，島上大多數的動植物在別的地方都不存在。

其中最明顯的就是陸龜。「加拉巴哥」（Galapagos）在西班牙文是大烏龜的意思，達爾文造訪當地時，各

加拉巴哥群島地圖

平塔島
馬切納島
赫諾韋薩島
赤道
聖地亞哥島　巴托洛梅島　北西摩島
費爾南迪納島　　　　　巴爾特拉島
拉維達島
平松島　聖克魯斯島
伊莎貝拉島
托爾圖加島　聖非島
聖克里斯托巴爾島
弗雷里安納島　艾斯潘諾拉島

ELEPHANT TORTOISE, GALAPAGOS ISLANDS.

▲達爾文記載了當地人的說法，獵捕陸龜的人甚至一次能帶走700隻陸龜。就在這樣
濫捕以及新物種如山羊、豬等的引進，讓加拉巴哥群島的象龜急遽減少，其中有3個
島嶼在1830年代已經完全沒有陸龜存在。過去曾有15種陸龜，現在也只剩10種。

◄海鬣蜥，達爾文稱之為「黑漆漆的小鬼」，因為他們身上的色澤比他們居住地的岩石還要黑。他們經常幾千隻群聚在一起，達爾文靠近時，他們立刻逃竄離開。

◄陸鬣蜥體型和海鬣蜥差不多，約1.24公尺，面惡心善，草食動物。背上有一排刺，背部有一條棕紅色的紋路，腹部是橘紅色的，好像穿了一件色彩鮮豔的衣服。他們很會爬樹，專吃9公尺以上的仙人掌樹呢！

Amblyrynchus Demarlia. Nu nov.

個島上都有為數眾多的陸龜，牠們是當地人的主食，還是飲水來源！因為陸龜會沿著固定路線往返水域（因為路線非常固定，被反覆踩踏甚至形成「龜路」這樣的景觀），喝大量的水之後再回到棲息地。所以當人們找不到水源時，也會殺一頭陸龜，喝牠們膀胱裡的水。根據當地人的說法，每個島嶼上的陸龜都有些微的不同，他們一眼就可以看出來哪些陸龜是來自哪個島嶼。不過，達爾文當年並不太在意這些陸龜，所以沒有對此再做更多的調查，

但之後他就後悔了，因為帶回國的標本太少，無法進行比較。

群島上還有另一批龐然大物，就是鬣蜥，又分為海鬣蜥與陸鬣蜥，他觀察到海鬣蜥雖然會游泳，但並不喜歡留在海裡，遇到危險時，則本能的往岸上逃，達爾文曾經試著把一頭海鬣蜥多次丟入水中，發現牠會游回來之後快速的逃往乾燥的岸邊岩石上。不管怎麼嘗試，這些海鬣蜥就是不願意回到海裡，達爾文推測，牠們擁有海岸是安全處所的直覺，而這個本能被代

代相傳。陸鬣蜥生活在地洞中，非常擅長挖洞，有一次他們登上一座島嶼，那個島陸鬣蜥挖得亂七八糟，連可以搭帳棚的地方都沒有。陸鬣蜥是草食動物，也愛吃仙人掌。達爾文發現有些陸鬣蜥的嘴形跟陸龜很相似，因此推斷這應該是這些動物喜歡吃植物帶來的適應結果。

小雀鳥引來的大震撼

儘管達爾文在加拉巴哥群島上看到了許多「神奇的演化」，但當時他只是覺得有些奇妙，也不太當一回事。所以陸龜的觀察也不仔細，多半都是當地人轉述的，蒐集標本時，更是一反常態的粗心大意。他在這些島嶼上蒐集了為數不少的鳥類標本，把這些標本寄回給英國最權威的鳥類專家約翰．古爾德（John Gould）進行研究。

當達爾文返航之後，他們在倫敦碰面，古爾德告訴他，在這批標本中，鑑定出有26種鳥種，其中有25種都是新品種。最特別的是一群雀鳥，古爾德發現他們可以分成13種、4個新的亞屬。但令達爾文懊惱的是，因為他根本沒有標記這些鳥類分別來自哪個島嶼，無法確認他們是不是各自分佈在不同的島嶼上。不過他最後還是告訴自己，這些不同的鳥類，應該只侷限在不同的島嶼上，因為如果每一座島都有，就不會呈現這麼完整的變化。況且，一個具有理智的上帝，也不可能在這麼相似的這些島嶼上，分別創造出這麼多不同

的物種吧。

但無論如何，這群鳥在構造上呈現了一個非常具有啟發的現象，牠們應該都是來自同一個祖先型態，為了適應每個島嶼不同的生態環境，而有了不同的變化，雀鳥的喙部構造的差異，就是最好的證明。達爾文在這群小小的雀鳥身上，找到了演化的機制，就是「生態區位適應」的觀點，並且推斷這就是物種起源的方式。站到演化論這邊的達爾文，找到了長久以來關於物種起源這個謎中之謎的解答，但他還沒有勇氣站出來抵抗那群舉著上帝大旗的龐大隊伍，要一直等到20年後，一個意外的發生，他被同伴們用力推了一把，才終於向世人公布這個答案。

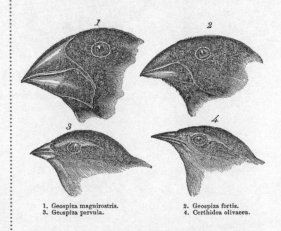

1. Geospiza magnirostris.
2. Geospiza fortis.
3. Geospiza parvula.
4. Certhidea olivacea.

▲這些雀鳥最特別的地方在於許多特徵都相同：短尾、體型跟羽毛結構，除了其中2種外，其他的種類都在地上進食，習性也很類似。但牠們卻擁有差異相當大的喙形，從非常厚到非常細都有。

寂寞喬治

加 拉巴哥群島的陸龜由於受到濫捕以及棲地被嚴重破壞，很多島嶼都已經不再有陸龜的足跡。其中，平塔島上的陸龜原本也被認為已經滅絕，但在1972年最後一隻平塔島象龜被發現，研究人員把牠取名為「寂寞喬治（Lonesome George）」。喬治被發現時，研究人員推測牠至少已經有50歲以上。接下來許多年間，研究人員透過基因研究，篩選出具有平塔島象龜基因的母龜，將牠們跟喬治養在一起，希望能夠交配，繁衍後代。不過喬治對這些母龜似乎沒有什麼興趣，繁殖計畫一直延宕不前。2008年終於有2隻母龜生下16顆蛋，不過最後一個也沒有孵化出來。2009年，又有1隻母龜產卵，不過也沒有孵化成功。2010年3月，研究人員確定所有的卵都孵化失敗。2012年6月25日這天，研究人員在前往水池的龜路上發現喬治的屍體。最後一隻平塔象龜寂寞的離開這個世界，也宣告了這個物種正式滅絕。

▼喬治身長1.5公尺，因為對雌性烏龜興趣缺缺，也有「單身喬治」的封號。喬治死後被製成標本，存放在牠的出生地，厄瓜多加拉巴哥國家公園。

不要說娶老婆了，我連朋友都沒有！

title: # 科青的壯遊

小獵犬號在1836年10月終於在英國的法爾茅斯港靠岸，長達5年的航行劃下句點。這趟航行，可以說徹底改變了達爾文。當他回到家，連父親忍不住回過頭去對達爾文的姊姊說：「奇怪，他那顆腦袋跟從前都不一樣了啊！」

對達爾文來說，他的人生也大大不一樣了啊！現在他在倫敦的學術界中，佔有一席之地。回想起這段旅行，他說：「對於這趟航行我非常滿意，因此我想建議每一位自然學家，不要放過任何機會，開始去旅行吧。」

漂洋過海鍍層金

15世紀歐洲列強所帶來的地理大發現，掀起了一股海外探險熱。除了政治上的軍事擴張，也將來自世界各地的珍奇動植物帶回歐洲，人們對於生物多樣性的知識也得到爆炸式的發展。到了18世紀下半葉與19世紀初期，海外壯遊簡直成了科青轉大人的成年禮，人人都渴望能夠來上一趟這樣的旅行。這股熱潮的興起，跟德國人亞歷山大·馮·洪堡（Alexander von Humboldt）所寫的《南美洲旅行見聞錄》有關。洪堡被公認為這時期最偉大的探險家，他在1779年到1804年間曾經前往南美洲旅行，根據這些探險歷程中的觀察所寫的植物學專論，非常精闢又具有創意，讓他被尊稱為植物地理學之父。但最屬害的是他所寫的《南美洲旅行見聞錄》30卷，高達9,000多頁的巨冊是19世紀最暢銷的遊記，達爾文、華萊士等人都曾經拜讀過這部作品，之後他們會踏上這條探險之路，一部分的原因可說是深受這本書的啟發。

達爾文的時代，研究自然史的人都渴望爭取能夠隨著軍艦到新世界的考察機會，除了可以親眼見識到不同的生態環境，更重要的是，這種旅程可說是晉升核心學術界的門票，如果能在旅途中有些特別的發現，在學術界的地位就會三級跳。因此像是達爾文的好朋友赫胥黎（Thomas Henry Huxley）與胡克（Joseph Dalton Hooker）也都參與過這樣的遠航，他們在航行中所寫的文章，寄回倫敦發表，為他們爭取到重要的名聲

跟地位。而沒有背景能爭取到隨軍艦旅行的人，就像是華萊士，也能透過蒐集標本換成旅費，一圓海外壯遊夢，因為當時歐洲的有錢人對於蒐集珍奇動植物的標本，有莫名的狂熱。

深呼吸，做好心理準備！

但對一個博物學家來說，這趟考察之旅當然跟一般的走馬看花不同。想要在一趟航行之後，就能帶來學術地位的躍進也不是那麼簡單的事。雖然達爾文一開始只是想說去海外閒晃也不錯，但他確實做了很多的準備工作，航行期間也很認真在做功課。所以回到倫敦以後，他著手整理了這趟航行的日誌與心得。還特別寫了一篇忠告送給有志進行壯遊的人，可以說是科青壯遊的最佳指南。

在這篇文章他傳授了成為好的探險者的必備招數，今天看起來都還滿受用的。首先，他提醒想探險的人一定要先做好心理準備。請先試想一下，在那個沒有網路與電話的年代，船上的配備也不可能跟現代的遊艇一樣豪華舒適，這樣的旅行可是一點也不輕鬆愉快。特別是這種考察一出門就是2、3年，各種你喜歡的娛樂此時此刻都不可能享受到了。

另外，你還得忍受跟家人朋友的分別之苦，那時候沒有網路，也沒有電話，如果你想念某個人就只能寫信，而信件交到他手中不知道是幾個月後的事，這種孤獨可能是旅行者最大的敵人。當然，還有旅行中的各種險難，身體上的像是暈船、生病，環境上的像是跟船長吵架，或者在陌生異地遇到的危險。但達爾文認為忍受這樣的狀態是非常值得的，根據他自己的經驗，至少有3點好處：

1 知識的增進有很大的幫助：
他認為在旅途中，能夠觀察不同國家以及許多種族，令人有很大的滿足感。在實地踏查之後，親眼看到這些以前出現在地圖上的空白地帶之後，世界觀就會變得不一樣，那些地點不再只是一個地圖上的小點，而是一個真切的地方，個人的眼界會被打開。

2 個人性靈獲得大大的提升：
旅途中見到的各種風景，不管是無垠的平原、燠熱的沙漠，或者是獨自走在毫無人跡的荒野上，呼吸著從未有人涉足過的空氣時，他深信所有的旅行者都能夠感受到強烈的欣喜，而這樣的發自內心的喜悅，是其他的娛樂所無法帶來的。

3 勇氣與耐力的鍛鍊：
這個探險的過程，將能鍛鍊一個人的耐心、勇氣與獨立而樂天的性格，畢竟旅途中有許多的險難，接觸到許多不同的人，也能體會到人性的溫厚。

多多寫信還可以出書！

身為一個博物學家，雖然最重要的事情就是蒐集標本跟紀錄，不過前提是要多多閱讀。他沒忘記自己在萊爾的作品中獲得多大的啟發，後來他在船上的閱讀，都是具有目的性的，也就是為了對應自己的見聞與研究而讀的相關資料。

另外，寫日誌也是必要的，達爾文在旅途中很勤於寫日誌與信件，他通常在白天的時候做這件事，盡可能詳細而生動的描述自己的見聞，他覺得這是一個很重要的習慣，日後也一直保持著這樣的習慣。他還把日誌當成家書寄回給家人跟朋友，韓斯洛就曾在劍橋哲學學社朗讀幾封達爾文寄來的信件，並且印製成不公開發行的小冊子，私下流傳。這讓達爾文在回國之前在科學界就有了一定的名聲。

當然這些日誌在他回國後也發揮了大作用，回到英國之後，達爾文首先著手的就是《小獵犬號航行記》，把自己這5年來所做的日誌進行整理，當費茲洛伊得知他有這樣的寫作計畫時，書都還沒寫，就立刻幫他找了一個出版社簽約。在接下來的兩年裡，他不但出版了《小獵犬號航行記》，同時寫作與發表多篇地質學的研究論文，以及完成《小獵犬號航程的動物學》（The Zoology of the Voyage of H.M.S. Beagle）一書。最重要的是，他開始動筆撰寫有關《物種起源》的筆記，而這些重要著作的源頭，都來自於他在航程中勤奮寫就的日誌，不僅為他帶來學術的聲望，《小獵犬號航行記》的好銷路，更為他帶來了豐厚的收入。

綜整這麼多好處，難怪達爾文最後要對所有有志從事自然學研究的人疾呼：「去旅行吧，不管是陸上或者長期的海上旅行，都一定可以會帶來正面的幫助。」

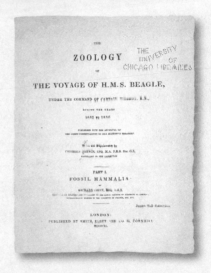

▲這是《小獵犬號航程的動物學》（The Zoology of the Voyage of H.M.S. Beagle）的第一冊，哺乳動物化石篇。這套書共分成5冊，是1839年～1843年之間由達爾文與多位作者陸續出版，內容就是針對小獵犬號航行5年所採集的標本研究。

博物學家的基本功：做標本

小獵犬號返航時，達爾文帶回來許多的標本，他把標本幾乎全數交由韓斯洛處理。這些標本都得到妥善的研究。哺乳類動物化石由解剖學家歐文（Richard Owen）研究，鳥類標本則交給鳥類學家古爾德（John Gould），爬行類動物則交給動物學家湯瑪斯‧貝爾（Thomas Bell），活著的哺乳類動物與昆蟲則交給動物學會博物館的館長研究。研究成果也都撰寫成論文公開發表，不僅對生物界貢獻良多，達爾文自己更從中獲益不少。

達爾文不僅熱愛蒐集動植物標本，他對看到的生物作簡略的描述，必要時也會進行解剖（包括魚類、蜥蜴或者陸龜等），不過這時他才懊惱自己的解剖學沒學好，畫圖的技巧也不行（當時也沒有方便的照相機）。因此很多手稿最後都沒有用處，但他蒐集回來的標本卻是大大的有用。因為謹慎的個性與過人的耐心，達爾文所製作的標本絕大部分都狀況良好的送回英國，為科學界帶來極大的貢獻。

要在這樣長途的旅行中保存大量不同標本並不容易，船艙有限的空間也是一個難題。在這5年期間，達爾文曾陸續寄回不少標本，但隨船回來的

標本更多。至於如何保存標本，達爾文有一套很有系統的方法，從中可以看出他謹慎的性格。

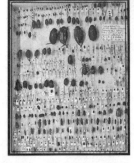

● **為每個標本編號：** 通常他在現場就會做標記，如果保存時用紙或盒子包起來的標本，標本上與包裝都要註明一樣的編號。編碼與不同顏色包裝紙的用法，有一套特殊的邏輯。

● **製作標本清單：** 他提醒自然學者最好把「千萬不要只靠記憶」這句話當作圭臬，因為當有趣的東西愈來愈多時，記憶就會愈來愈不可靠。他自己有3本標本清單：一本記載地質學標本，一本記載動物學及其他方面的觀察。在這些清單上面，對於標本的描述要盡量做得詳細，而且不同標本最好寫在不同的紙張上，日後使用起來會很方便。

● **處理標本：** 他也記載了如果要用酒精浸泡標本，該怎麼處理能防止腐壞，而且千萬不要把酒精標本與其他標本放在一起，以免打破或傾倒時損壞了其他標本。製作動物標本時，要記得用藥品清洗腳跟喙，保存昆蟲時盒子裡頭要放一點樟腦等等。最重要的是，絕對不要因為空間與經費的不足，而將太多標本裝進一個瓶子或箱子裡，因為「送回一大堆情況不佳的東西，不如只送回幾樣保存很好的東西。」

◀達爾文在劍橋大學時十分熱衷於蒐集甲蟲，右上圖是部分他的標本，現在收藏在劍橋大學動物學博物館。左圖是他的標本紀錄原稿。

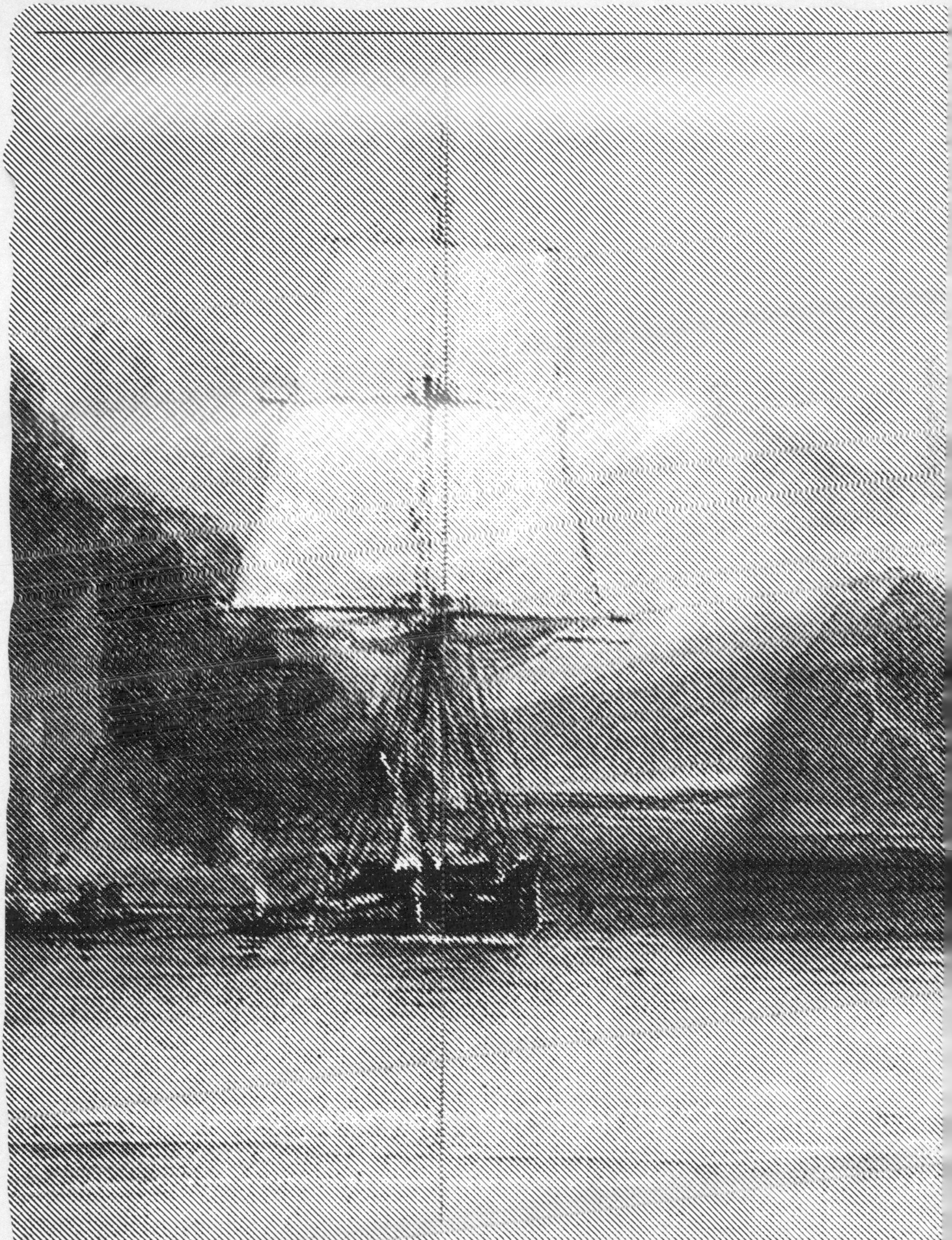

▼英國風景畫家康洛德
（Conrad Martens，1801
年～1878年）畫小獵犬號
行經火地島時，當地人向小
獵犬號打招呼的情形。

title : # 在唐恩莊園的日子

達爾文終於結束了為期5年的小獵犬號考察航行，在1836年10月回到英國。經過海外的歷練，他已經從什麼都不懂的貴公子，搖身變成倫敦最炙手可熱的年輕博物學家了。在回國前，他的文章在韓斯洛的安排下，公開刊登。達爾文的大名甚至登上了《泰晤士報》，姊姊卡洛琳曾經在家書中興奮的告訴他這個消息。達爾文回國後，倫敦各界菁英都想聽聽他在南美的見聞，同時他的學術生活也熱烈展開，各種派對、演講邀約、研究討論絡繹不絕，住在倫敦的這兩年多，是他最活躍的時光。

父親羅伯特醫生每個月還會給他不少零用錢，讓他可以放心整理自己的研究日誌以便集結成書，並撰寫研究相關論文。同時在這段時間，他認識了自己的啟蒙者萊爾，一輩子的好朋友胡克以及後來最為捍衛他理論的赫胥黎。不過這個時期最重要的大事應該是他結婚了，迎娶自己的表姊愛瑪，而且很快的就有了第一個孩子。婚後，達爾文開始尋找適合居住的新居。最後在倫敦郊區的唐恩村找到滿意的房子。

花園裡的實驗室

選擇到唐恩這樣一個僻靜的小村莊定居，並不是達爾文想退隱了，而是因為他實在需要一個安靜的地方來養病。從小獵犬號航行回來之後沒多久，他就得到了一種怪病，看過許多醫生卻找不出病因，這個疾病還跟著他一輩子，他幾乎天天都在不舒服中度過，嚴重的時候甚至要做水療來減緩不適。

唐恩莊園還有一個好處，就是附近有非常大片森林與原野，這讓達爾文不用離家太遠也能進行野外觀察，他確實也從這片自然環境中獲得了許多的啟發。因為身體不舒服，也不太能進行野外觀察旅行，達爾文為了滿足自己的研究熱情，開始把唐恩莊園改造成自己的生物實驗室。

首先，他蓋了一個鴿舍，養了許多他從倫敦車站附近的養鴿人俱樂部所買來的鴿子。還在倫敦的時候，他就對養鴿很有興趣，他注意到養鴿人透過人工選擇進行鴿子的配種，藉此讓鴿子出現不同的變種，這種作法跟他在野外觀察到的天擇之間，有一些共同的機制，為了得到更多的證據，他自己投入養鴿事業，進行配種繁殖實驗。這些鴿子在日後他的理論中佔有重要的一席之地。他也打造了一間溫室，

◀圖為唐恩莊園的精筆畫。在達爾文的書房裡，許多實驗也如火如荼的進行著。例如：為了想知道植物是如何從大陸遷徙到遙遠的島嶼上，他把各式各樣的種子，甚至蔬果浸泡在海水中，想知道這樣之後是否還會發芽。還其他許許多多怪異的實驗，都是為了瞭解開他腦中物種分布之謎。

種植許多的植物，包含花卉、果樹等，當然目的也沒那麼單純，就跟養鴿子一樣，他嘗試進行各種植物的配種、嫁接，想知道這樣配來配去以後，會發生什麼事，蘭花、報春花都是他著名的實驗對象。

躲進藤壺的世界裡

達爾文進行這些實驗都不是憑空想像的，最終的目的是為了印證腦海中的演化理論。他也熱中於閱讀各種相關的研究論文，跟朋友一起討論這些想法，大家都鼓勵他快點把這一切寫出來。結果沒想到跌破大家眼鏡的是，達爾文非但沒有這麼做，還一頭栽進去藤壺的研究，而且這一跳進去就花了8年的時間！

藤壺是一種全世界海岸線都有的節肢動物，牠會依附在岸邊、船體、蟹殼甚至座頭鯨身上。達爾文曾在智利的海邊看到過一種獨特的藤壺，為了描述這個藤壺，竟然就展開了一段漫長的藤壺研究，他把自己蒐集的標本、博物館中的標本，還有委託別人從世界各地帶來的標本都進行細緻的研究，把藤壺解剖，觀察牠們的構造，並探討他們的習性。最後，寫成了4大冊的專題論文，這個研究雖然不被好朋友胡克看好，也讓他延宕了物種起源的論述，但論文一出版大獲好評，更讓他得到英國皇家學會所頒發的自然科學獎章。直到今天，這一份藤壺研究仍然是這個領域裡的權威之作。

重回物種研究的道路

1854年，達爾文在日記上寫下「開始整理物種理論筆記」幾個字。這時候，距離他結束小獵犬號航行已經過了近20年。當他在航行中所見所聞，以及回國後跟研究標本的學者討論中，他其實已經清楚的看到了物種起源的答案。他所說的「物種理論筆記」，是他在1837年就開始記錄關於物種研究的筆記本。那陣子他很認真投入演化論的研究，雖然從人工繁殖的動物身上找到了「選擇」帶來改變的證據，但怎麼應用到野生動物身上，他還想不透。直到一次偶然間，他讀到托馬斯·馬爾薩斯（Thomas Malthus）的《人口論》時，終於恍然大悟！野生的動植物其實就跟馬爾薩斯提到的人類一樣，都必須在環境中求生存，族群生殖數量愈高，生存競爭愈激烈，在這樣的競爭之下，生物體間有利的差異會獲得保留，不利的就會被淘汰，而結果就是新物種的產生！

沒想到這個物種演化之謎，就這樣被解開了。但嚴謹又追求完美的達爾文當然不會隨便就發表，他還沒有百分之百的把握，他甚至先把這個想法放在腦海裡想了又想，隔了幾年之後，才小心翼翼的寫成一篇摘要，又過了幾年，他再把這個摘要寫得更完整，發展成比較完整的筆記，這就是日後《物種起源》（On the Origin of Species）的基礎。

但他沒有把這件事情告訴任何人，因為

這個想法實在太震撼了，他不敢想像將引起怎樣的軒然大波。但那陣子他的身體狀況實在太糟了，他怕自己會突然間死去，如此一來，這好不容易想出來的點子就白費了。因此，他將這篇文章與一封信交給太太愛瑪。信中提到萬一他突然死去，希望愛瑪能夠從財產中拿錢出來出版這篇文章，他甚至連編者都指定好了，就是他的好友萊爾！當然，達爾文沒有突然暴斃，可是這篇文章就這樣整整放了20年。

尋找更多的證據

這時候他又重新打開這篇筆記，他已經花了夠長的時間來構思這個理論，現在終於準備好了嗎？不，對他來説還差多了，那些用來做為理論的證據還沒有完備，這時候他開始化身為實驗學家，花更多的時間在唐恩莊園裡養鴿子跟繁殖花卉，為了大規模的蒐集證據，更多的瘋狂的實驗出現在他的書房裡，例如為了想知道動植物地理分布的模式，將種子、果實浸泡在海水中，測試它們的容忍度。甚至切下一對鴨子的腳泡在有蝸牛的魚缸中，想知道特定時間內會有多少蝸牛黏在鴨子的腳掌中，用來推測當鴨子飛走的時候能帶走多少蝸牛，這是否會是蝸牛擴散的一個路徑等等。

他甚至還向全世界的博物學家發出徵求標本的信件，也獲得了他們的慷慨幫助，年輕的華萊士也在這個名單之中，據傳他曾經好心的提供過一隻鴨子的標本。這隻鴨子對於達爾文的研究似乎沒什麼特別的幫助。沒過多久，華萊士又給達爾文寄來了一個包裹，當達爾文拆開這個包裹的同時，不僅攪亂了唐恩莊園的寧靜生活，也引爆了史上最強大的生物學震撼。

馬爾薩斯與人口論

托馬斯‧馬爾薩斯是英國人口學家和政治經濟學家。就讀於劍橋大學耶穌學院，畢業後擔任了英國國教牧師。之後他繼續攻讀碩士學位，後來成為耶穌學院的一名牧師。1798年，他出版了一本小書，書名為《人口論》(Principle of Population)，沒想到這本書非常受歡迎，讓這位沒沒無聞的牧師一時間聲名大噪。之後，經過幾次修訂和增補，這本書在1826年正式出版，造成很大的影響。

馬爾薩斯認為，如果放任人口不斷增長，那麼人口數勢必超過食物供給的速度，人口過剩的結果就是陷入激烈的生存競爭，帶來貧困的窘境。雖然戰爭、瘟疫和其他災難經常可以減少人口，但最好的辦法還是「道德限制」，也就是實行晚婚、婚前守潔和夫妻自願限制同房的頻率等。不過他很悲觀的表示，人類鐵定沒辦法遵守「道德限制」，人口過剩與其帶來的貧困將是人類不可避免的厄運。馬爾薩斯的人口論主要在討論人的問題，但是博物學家達爾文與華萊士，卻同時在他的論述中，發現了生物演化的機制，這大概是馬爾薩斯從未預料到的發展吧。

title: # 意外的一封信

在 1858年6月，距達爾文重新啟動他的物種研究計畫後，又過了4年。在這幾年裡，他全神貫注的進行各種與生物變異有關的實驗。他的書房裡堆滿了標本、實驗器具，還有一大堆的參考書籍跟手稿。原本，故事就要這樣繼續演下去，我們的主角達爾文會鉅細靡遺的清除沿路的怪物，蒐集滿坑滿谷可以用來證實演化論的寶物，直到覺得滿意了以後，才好整以暇的寫下最終章。

但計畫總是趕不上變化，沒想到，這時候有個絲毫不在達爾文劇本中的人，在完全沒人注意到的狀況下跳了出來，使出了必殺絕技，讓達爾文陣腳大亂的驚聲尖叫：「這是我見過最驚人的巧合了！」

▶ 華萊士出生於英國，是一位博學家，也是動物標本收藏家、探險家。曾經從事過許多職業，最後深受自然科學與旅行的吸引，而投身於標本蒐集與探險的工作，也熱衷於探索生物演化的議題，也到南美洲和馬來群島進行調查研究。曾經在雜誌上發表過自己的研究論文，不過並沒有引起迴響。照片為1862年在新加坡所拍攝。

巧合中的巧合

1858年6月18日 這天，一個從新幾內亞寄出的包裹，風塵僕僕的送到了唐恩莊園。對於一天到晚在收包裹的達爾文而言，這個包裹看起來也沒什麼特別的，寄件人是華萊士（Alfred Russel Wallace），他們曾經通過幾次信，他看過這個小伙子寫的文章，收過他送的標本，不過沒什麼特別的印象。

但這個包裹寄來的不是標本，而是一封信跟一份手稿。

1858年初，年輕的博物學家華萊士正在遙遠的新幾內亞進行標本採集與研究，但卻很不幸的染上瘧疾，暫時無法工作。躺在床上反覆發燒的他無法外出，卻讓他有時間可以思考一些問題。他對於物種的地理分布有很大的興趣，但同時對於物種的起源也充滿好奇。當他躺在床上想著關於物種的種種時，突然間竟然靈光閃現的把演化的機制給想出來了。他並不知道達爾文也在思考一樣的問題，很快把自己的想法寫成20多頁的手稿寄給達爾文，非常謙卑恭敬的請求當時在英國學

界擁有廣大人脈與聲望的達爾文，能幫他找到發表的機會。因為當時英國學界階層觀念仍然很深，像華萊士這樣來自貧困家庭，沒有背景的年輕人很難打入這個圈子。

達爾文利用空閒的時間開始閱讀這份文稿，沒想到這一讀，天地整個變色了！這份手稿一開始就以馬爾薩斯的《人口論》破題，接著提出的生物演化的觀點，華萊士特別針對拉馬克的演化論提出反駁，他舉了拉馬克最知名的長頸鹿為例，認為長頸鹿之所以長脖子，並不是拉馬克所想的那樣，短頸鹿因為想吃高處的樹葉所以拉長了自己的脖子，變成長頸鹿。而是因為這些長頸鹿在激烈的生存競爭中，擁有長頸的個體比其他短頸的同伴更有利於在那個環境中生存。因此提出了自己的生物演化觀點也就是跟達爾文一樣的「適者生存」。

達爾文讀著讀著，甚至有種在讀自己的理論摘要的感覺！連受到啟發的方式都一模一樣，達爾文被這封信與手稿嚇壞了，這世間怎麼會有這種巧合中的巧合？莫非華萊士曾經看過他在1842年寫的摘要？不，不可能，那篇文章他只跟密友隱晦的提過，不可能有人知道的。但不爭的事實是，儘管達爾文在1842年就把這個理論想出來了，但他卻未曾發表過任何相關的論文，這份手稿儘管並不完備但如果先發表了，達爾文再出版自己研究多年的理論，不免落入抄襲的爭議中，而且理論的優先權就得拱手讓人，達爾文一輩子的研究心血就將化為烏有了。那不然，假裝沒收到這封信好了，可是出身好教養家庭的達爾文，不可能無視華萊士的要求，甚至隱匿他的信件、燒毀他的手稿，這與他的為人不符。

達爾文捧著這個燙手山芋，感覺自己的病情又開始發作了，無計可施的情形之下，他還是決定按照華萊士的請求，把這份手稿轉交給他的好朋友萊爾與胡克。

紳士的安排

其實在達爾文想好他的演化理論後，到又重回這個領域的20年間，儘管演化論還沒有被接受，但有一些人也已經開始朝著這個方向去研究。1844年，英國書市出現了一本引起高度話題的書──《創造自然史的遺跡》。這本書以新的形式闡述了進化的思想，主張生物界自然發展的理論，書中也引用了大量化石資料作為佐證。由於寫得很有趣而創新，雖然被學者罵到一文不值，達爾文自己也對這本書很不滿，認為他一派胡言，但這本書卻贏得廣泛讀者的極大興趣，暢銷了十多年。也多虧了它，促動了人們對演化論的討論。

看到這些現象，達爾文的朋友一直催促他要快點把論文發表出來，但達爾文本人卻一點都不急，對他來說，他渴望名聲，但更害怕被批評，所以他還要時間準備。但現在，他在給萊爾的信上，懊悔的寫著：「你曾說我會被人搶先一步，你的話已經應驗了！」但萊爾與胡克，不愧是達爾文的

超級好朋友，他們兩個人商量了一下，建議達爾文將自己早期的成果與華萊士的這篇論文一同發表。達爾文想了又想，這下子也不得不把還沒達到自己完美標準的文章，匆促拿出來發表了。

在胡克的安排下，這兩篇文章被安排在倫敦林奈學會（Linnean Society of London，是一個研究生物分類學的協會，建於1788年。）的會議上朗讀，由達爾文的文章先朗讀，接著才是華萊士的。達爾文與華萊士都沒有出席這場會議，華萊士正在遙遠的新幾內亞，完全不知道這件事。而達爾文則經歷了另一個噩耗，他的小兒子不幸過世了，他自己的健康因為這些事情而更加惡化。

這次的朗讀也沒有引起太多人的注意，與會人士甚至沒有發覺到他們剛剛聽到的是一個足以顛覆科學知識史的重大理論。之後林奈學會將這次的會議過程與兩篇論文一同刊登出來，同樣是達爾文在前，華萊士在後。論文刊出後帶來了比較多的回響，有些人認為是老生常談，沒有新意，但卻也有人大受這個新穎的論述所啟發。

發表會後，達爾文充滿了心虛，總覺得自己好像偷了人家什麼，他的朋友們為了讓這事件更加符合紳士風度，由胡克出面寫了一封文情並茂的信給華萊士，說明了此次發表的安排與經過。人在新幾內亞的華萊士對於這樣的安排不僅接受，甚至感到無比興奮。他在意的是，自己從一個沒沒無聞的業餘研究者，卻受到這些科學家們的注目，甚至與之齊名，對他來說是莫大的鼓舞。

曠世鉅作的出版

經過這次事件，達爾文發現自己想要把所有證據找齊，再出版理論的做法真是大錯特錯，他差點就讓自己畢生的努力都毀了。他的朋友們更是頻頻催促他，趕緊出版自己的理論。於是他更加積極整理書稿，1859年3月完成初稿，6月份達爾文拿到書的樣稿，但完美主義又發作了，幾乎又重寫了一遍，總算在10月交稿，同年11月，這本歷時20年的曠世巨作《物種起源》終於出版了。獲得大成功，首刷1,000多本在開賣第一天就全部賣完。之後達爾文進行了幾次的改版，每一次都有很好的銷售成績，一直到1876年，在英國就售出了16,000冊，為達爾文賺進了不少稿費。

這本書所帶來的批評也跟它的成功一樣非常驚人，簡直就是在學術界裡投入了一個大的震撼彈。因為吵得不可開交，正反兩方陣營最後還訴諸媒體，傳達擁護與反對意見。因而讓達爾文的演化論，散播得更加廣泛，連市井小民都能聊上幾句。不過，達爾文倒是一次都沒有親自站上火線為自己的理論公開與人辯論。1871年2月，達爾文出版了《人類起源》直接面對他在《物種起源》中沒有討論的「人」的演化。這本書招致更許多的批評與嘲弄。

雖然這些批評總是影響他的心情跟健

康，但達爾文也沒閒著，他仍然一直從事研究與寫作，之後他所陸續出版的幾本專著，針對蘭花、攀藤植物的研究都可以看成是物種起源理論的補充。

1882年，達爾文因為心臟病病逝於唐恩莊園。原本愛瑪希望將達爾文埋葬在唐恩莊園，但在他的朋友的堅持下，最終被以英國最高規格、最尊榮的方式埋葬在西敏寺，當時為他抬棺的人胡克、赫胥黎、華萊士都位列其中。但對於《物種原始》的各種批評並未稍歇，甚至延燒到全世界，其中一些達爾文當年無法準確回答的問題，例如遺傳的機制等，直到數十年後才終於解開。而這本書所帶來的影響力直到今日都還是生物學中最重要的學説。

拉馬克的演化論

法國自然史學者兼地質學家拉馬克在1809年出版了《動物哲學》一書，提出了2個觀點「用進廢退説」（use and disuse）與「獲得性遺傳」（Inheritance of acquired traits）。他認為這就是生物產生變異的原因與適應環境的過程。「用進廢退説」簡單的解釋，就是常用的器官就會愈來愈發達，不用的器官就會慢慢的退化。最著名的解釋就是長頸鹿的長脖子，是為了要吃高處的樹葉而愈來愈長。然而這個後天的努力所得到的特徵，可以遺傳給下一代，稱為「獲得性遺傳」。至於動物們為什麼要改造自己的身體結構？這是因為他們想要滿足某些「新的需要」。拉馬克從地質學的角度，提出地球在過去幾次大規模的地質與氣候變遷，促使動物改變他們的構造與行為，以便在新的環境中更能生存下去。

拉馬克的學說提出後不久，就被自己的同事居維葉輕鬆打趴，居維葉藉由比較解剖學與古生物學角度，提出反駁，認為每個生物體

的設計太完美了，牽一髮動全身，所以不可能有單一演化器官的這種事發生。另外，從化石證據中也看不出來有從一個物種演變為另外一個物種之間的過渡型物種。因此，生物如果有逐漸朝向進步的方向發展的傾向，也會是整體的變化，而誰能帶來這種變化？當然不是動物自己，而是偉大的創造者。

拉馬克雖然沒能找到演化機制，讓自己的理論站不住腳，後來達爾文等人的研究，也指出拉馬克的謬誤之處，但不可否認，在創造論盛行的時代，他的演化思想相當前衛，引起廣泛的討論與批評，後續所造成的影響也非常深遠。

title：

物種原始的攻防戰

「過去在小獵犬號擔任博物學家時，對於南美洲的物種分布與古今物種在地質上的關係印象深刻，這些現象啟發我對於物種起源的一些想法。過去有位哲學家曾說，那是謎中之謎……」這是達爾文在《物種起源》這本書開頭所寫下第一段文字。「謎中之謎」是出自當時最知名的天文學家赫雪爾口中，這個謎指的就是物種的起源。

《物種起源》一書正式出版後，在學界、宗教界都引起許多討論，讚賞的人不少，批評者則更多。反對最力的是神學這邊的陣營，其中不乏原本與達爾文交情不錯的人，例如解剖學家歐文。贊同者當然就是達爾文的超級好朋友萊爾、胡克，以及他的超級戰將，人稱「達爾文的鬥犬」的赫胥黎，在牛津會議辯論中一戰成名。不過，在看這齣有趣的大亂鬥之前，讓我們先來了解一下，為什麼大家要為了達爾文的理論吵成一團。

物競天擇

大家一定都在生物課本裡讀到過，至少聽過這個名詞吧。達爾文提出這個觀念在當時是非常創新的，這也是他跟那些演化論前輩們最大的不同之處。達爾文在研究了成千上萬的物種，加上他那五年的考察旅行，以及受到馬爾薩斯的《人口論》啟發後。他認為在生物群體中一定會有一些變異產生，就像是人類之中會有高矮胖瘦的差別一樣，而這些變異是會遺傳的。這些變異平常沒有什麼影響，但是當生存的環境產生改變，生存競爭變得激烈的時候，如果你遺傳到的是適合這個環境的變異，那你就比別人有更多存活下並繁衍後代的機會，而不適合的個體就會慢慢的被淘汰。這就是天擇的機制，整個達爾文演化論中最核心的觀點。

為了讓讀者更容易理解，達爾文很聰明的從當時人們已經很熟悉的人工繁殖談起，並且以被繁殖出各式各樣不同型態與樣貌的鴿子開始談起，這些經過「人工選擇」的新品種鴿子彼此之間的差別非常大，如果把這些鴿子拿去給鳥類學家鑑定，那肯定會被分類為不同種。他提出這種人工培育（人擇）的過程，其實就跟天擇的機制一樣，只不過一個是人為了喜好而做的選擇，一個是自然裡的生存競爭所

造成的。

達爾文更進一步推論，也就是天擇，促成了新物種的出現。因此他認為，地球上所有生物都來自一種或少數幾種原始的生命型態，在透過這個機制緩慢改變並且產生多樣化。

對手的反擊

達爾文的反對者有各式各樣的理由，而且來自四面八方。最暴跳如雷的當屬自然神學的擁護者。達爾文雖然沒有明講那個生命起源是怎麼來的？事實上，他當時應該也不明白。但他提出的天擇說，把產生每個物種的特色、特徵和本能的這個工作，從偉大的創造者手中搶了過來，等於直接否定上帝創造萬物的這件事。另外一方面，自然神學強調，每個物種都是上帝最完美的設計，但天擇理論告訴大家，其實生物並不是為了追求完美才做這樣的改變，一切都是為了要活下去，被保留下來的不是最完美的，而是最適合的。達爾文的論點讓自然神學的擁護者痛苦不已，地質學家塞吉維克就曾經寫信指責達爾文，讓「人性」受到損害，蒙上了獸性。

另外，也有從科學角度來反擊的，例如解剖學家歐文，儘管達爾文在這本書中避而不談人類的起源，就怕大家模糊了焦點，因為碰上「人」的問題，大家就更容易失去理智。歐文的反應印證了他的擔心，歐文從解剖學的角度出發，直接把戰場拉到人與猩猩的類比上，他誇大了人與猩猩的腦部結構，用來說明人類不可能有一個野獸的祖先。歐文這個球丟過來，接球的人倒不是達爾文，而是他的戰友赫胥黎，兩人一路筆戰，直到牛津會議上終於正面對決，但歐文並沒有親自上陣，他推出了魏伯佛斯（Samuel Wilberforce）主教當成武器。

牛津會議的攻防戰

1860年，在這個頗負盛名的「英國科學促進會」（British Association for the Advancement of Science，BAAS）會議上，來自紐約大學的德拉普教授發表一篇演說，題名為〈達爾文與社會進步〉。不過這篇文章發表的過程，根據植物學家胡克的描述，沒有人中途離開，也沒有人騷動，非常順利的結束。只是這時，會議主持人魏伯佛斯主教卻站起來狠狠批評了達爾文與《物種原始》的最大捍衛者赫胥黎。魏伯佛斯主教對於演化論一點都不懂，也沒讀過《物種原始》，只是在會議的前一天，由解剖歐文學家為他做了一番很精采的簡報。主教在意見發表最後轉向赫胥黎，嘲弄的詢問他：「你的人猿血統是來自你祖父那邊？還是祖母那邊？」

赫胥黎鄭重的站起來，低聲的說：「主可把他交到我手上了！」接著他說：「我聲明，有個人猿祖父並不可恥，如果有位讓

我感到可恥的祖先，那必定是一個人，他不滿足於自己領域內不確定的成就，卻去參與他完全不熟悉的科學問題，只用混淆的手法，想把聽者的注意力自真正的重點轉移，並有技巧的訴諸宗教偏見。」主教面對辯才無礙的赫胥黎完全無法招架，但與會的費茲洛伊船長這時候卻站起來，舉起聖經，嚴肅的要求聽眾要信奉上帝而非人類。結果受到群眾大喝倒采，接著居然還有人昏倒，這個會議以一場鬧劇的形式結束，不過會議的過程卻傳遍倫敦大街小巷，這時候大家都知道有《物種原始》這

本書了，只不過對其中的誤解多過於正確認識，因此真正接受這個觀念的人並不踴躍。

達爾文沒說的事

在這些紛紛擾擾的批評當中，也有非常重要的意見。例如達爾文最重視的天文學家約翰·赫雪爾（John Frederick William Herschel）就看出達爾文沒有解決的，但是很重要的問題，那就是這些個體中的變異是怎麼出現的？又是怎麼

▼照片為牛津大學自然史博物館，也是當年達爾文發表演化論的地方。

▶達爾文思考演化論的時候寫在筆記本的手稿

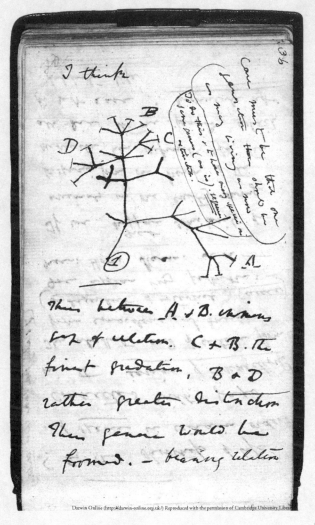

Darwin Online (http://darwin-online.org.uk/) Reproduced with the permission of Cambridge University Library

遺傳給下一代的？他認為，如果達爾文沒辦法說清楚講明白，那這個理論就無法解釋物種的起源。

這個問題，達爾文自己確實不清楚。他曾經試著提出一個解釋稱為「泛生論」，認為生物體的每個部位都有一種稱做小芽體（gemmules）的細胞，透過有性生殖從父母雙方的身上所有的小芽體，傳遞並且在下一代的身體裡結合，產生了獨特的新的個體，那些生物身上特殊的變異就這樣代代傳遞下去。不過這個說法提出後，市場反應不佳，沒有得到多少支持者。連他自己在研究的過程中，也遇到說不通的狀況。不過當時很多其他試著要解開這個謎團的各種說法，也都徒勞無功。這個遺傳之謎，必須要等到演化論推出50年之後，孟德爾與他傳奇的豌豆才會第一次為人類揭開神祕面紗，找到遺傳法則。等到科學家終於了解控制遺傳與變異的DNA的構造與運作機制，那又是得再過50年後的事了。

時至今日，現在的科學家已經可以代替達爾文回答赫雪爾的質疑了，但生物的演化、物種起源之謎已經完全被解開了嗎？不，現代生物學說那就跟演化原則一樣，還有一段很漫長的路要走呢。

I think

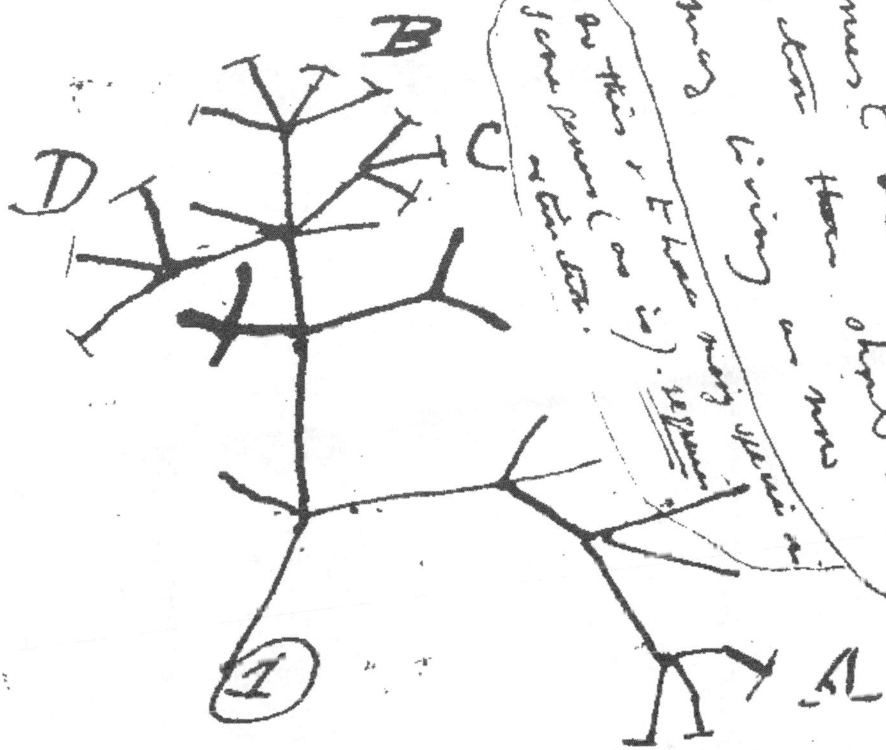

B

D

C

Case must be that one generation should be as many living as now. Do this & to have (?) so many species in same genus (as is) requires extinction.

A

1

_____

Thus between A. & B. immense gap of relation. C & B. the finest gradation, B & D rather greater distinction Thus genera would have formed. — bearing relation

chapter

3

祕辛報報

Charles Robert Darwin

物種起源，看看這些人怎麼說

▲1859年達爾文寫的《物種起源》

19世紀以前科學的發展並不像現在切分成這麼細的領域。關於生命起源的討論不是生物學的專利，最重要的理論都發生在地質學與古生物學中。因為在當時，甚至更早的時代，對生命起源的探究是與地球，甚至整個宇宙如何形成有關，17世紀之後更與宗教主導的自然研究結合在一起。

18世紀開始興起「科學考察航行」的風潮，雖然主要是為軍事目的服務，但隨船的自然學家開始為歐洲帶回來自世界各地的奇異動物、植物、標本與化石，研究者從這些大量的資料裡面，看到新物種。這些自然學者開始興起記錄世界各地物種的風潮，並且試圖為世界各地的物種建立一個體系，製作一個清晰的地圖，以便全面掌握。

這些從世界各地而來的新物種、新化石，被研究者仔細的觀察、解剖、排序，這些研究者也開始思索為什麼會有新物種的產生？又為何物種會消失？難道這全因上帝的旨意？

18、19世紀之交，各種詮釋物種變化、生命起源的理論開始不斷被提出，自然神學的「創造論」開始仍占上風，而大膽叛逆的「演化論」，因否定了神的創造，只受到少數人的支持，直到達爾文的《物種起源》一書出現，才將這個理論完全放到檯面上來辯論。

長頸鹿的脖子為什麼這麼長？

對於生命起源與物種變化的說法，在達爾文之前以及跟他同時代的人們到底是怎麼看的？讓我們來看看與這段歷史有關的人物，他們怎麼說？

希臘時代
亞里斯多德

「長頸鹿一開始就是長頸鹿，以後也會繼續是長頸鹿。」

根據： 動物解剖學研究的經驗。
主張： 物種的繁殖會根據牠的形式，不會產生新的類型，物種絕對不會改變。

17世紀
自然神學

「長頸鹿是上帝所創造的完美型態，一旦被創造出來就永遠不會改變，而且物種不會消失。」

根據： 整合創世紀以及亞里斯多德的物種不變論。
主張： 物種是上帝在創世紀時所創造，將會以完美創造物的型態固定不變。

18世紀
法國學者 布豐

「世界上所有的獅子、花豹、家貓都是某特定原始類型的貓，為了反映不同地區的氣候而「退化」而成。但貓只能退化成貓，絕不可能變成狗。」

根據： 對地球形成的推測，認為地球是由於彗星撞太陽後所形成的，一開始是一顆滾燙的球，冷卻之後，生命自然誕生。
主張： 有某種「內在模型」在指導著生命的自然發生，以及後續的退化。具有演化論的傾向。

18 世紀

**法國學者
居維葉**

「生物體的每個部分都配合得非常完美，所以長頸鹿被上帝創造出來之後就是長這樣。嗯……不過，生物確實會絕種，不過那是因為地球發生了大災變，那也是沒辦法的事啊～～」

根據：解剖學與古生物化石研究。

主張：

1 從解剖學來支持物種不變論。生物是一個封閉的系統，每個設計都環環相扣，如果發生任何改變，會危及個體生存。因此不可能在其他部分不變的狀態底下，產生改變。所以新物種也不可能從舊物種演化而來。

2 從古生物化石的研究提出災難論。從大量化石的研究，發現絕種的事實。絕種是大災難所造成，例如大洪水，透過這種方式，上帝不斷創造與毀滅物種。

19 世紀

**法國學者
拉馬克**

「長頸鹿之所以有一個長脖子，是因為短頸鹿為了能吃到非洲乾枯草原上，較高的樹的樹葉，因而不斷伸長脖子，最後導致脖子慢慢變長。而這種『後天所獲得的特性』是可以遺傳的。」

根據：化石研究以及對生命起源的推測出演化論。

主張：

1 用進廢退：某些頻繁使用的器官會愈來愈發達，不用的就會退化。

2 獲得性遺傳：生物體不管是因為出自自己的意志或是受到環境影響而產生的改變，都能夠遺傳給下一代。

3 演化是一個進步的過程：演化就像一個階梯，不同的生物雖然在不同時間點攀上這個階梯，但他們都一定是向上爬升。

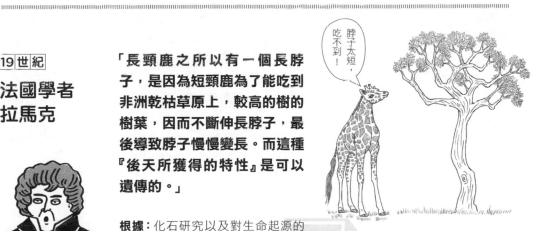

脖子太短，吃不到！

19 世紀

伊拉斯莫斯‧達爾文

「長頸鹿一定也是從動物纖維演化而來的，他之所以會演化成這樣，應該是跟感覺、飢餓和趨利避害有關喔！今後也還是會持續的變化下去！」

根據：植物學與醫學，得出演化論。

主張：

1 認為所有的動物都來自一種所謂的「動物纖維」，植物則是另外一條。

2 生物會產生變異，例如：毛毛蟲會變成蝴蝶；或是在人工培育下，物種會產生改變；或是畸形對後代的影響。而所有生物的一生都在變化，特徵會代代相傳。

19 世紀

英國學者萊爾

「地質是緩慢累積變化而來，但生物可不是這樣。物種是上帝在創造中心中製造出來，放到各自適應的地區，只要環境允許，長頸鹿才不會改變，牠們會在那裡生存到滅種為止。」

根據：觀察火山與地質學的研究，提出均變論。

主張：

1 過去發生的地質作用都跟現在相同，研究現代的作用可以理解過去的歷史（古今同一律）。長期的環境變化並不是一個劇烈的走向，而是緩慢循環的過程。

2 地質上化石紀錄的斷裂，並不是因為災難導致滅種，而是沒有被找到，因為化石只能在特定環境中產生。

19 世紀
達爾文

19 世紀
華萊士

「長頸鹿之所以有長脖子，就是天擇的結果。」

根據：標本採集、化石研究與繁殖實驗，以及馬爾薩斯的人口論，推導出演化論。

主張：

1 每個物種當中的個體都具有天生的差異（變異）。

2 天擇（自然淘汰）：族群生殖數量愈高，生存競爭愈激烈，在生存競爭的過程中，較強的個體汰除較弱的個體，留下來的個體將繼續繁殖，並且把適應的優勢傳給下一代，這個過程是逐漸累積的。

3 生命最初的發生跟後續的變異完全是隨機事件，只與生物本身的利益有關。

「長頸鹿之所以有一個長脖子，是因為個體變異產生脖子較長的鹿，一旦非洲草原乾枯，脖子較長的鹿可以吃到較高的樹葉，因而存活下來，經過長久的遺傳與繁殖，最終成為新的物種。」

根據：自然觀察、標本蒐集與馬爾薩斯的《人口論》，推導出演化論。

主張：

1 每個物種出生的個體都遠高於存活的個體，而且每個個體都存在變異。

2 個體在生存競爭中死亡的必定是最虛弱的，生存下來的必定具有某些優勢。

3 一個有利的變異可以提供生存的優勢，而這些優勢還可以遺傳下去。

那麼，人類到底從哪裡來？

人類的起源長久以來困擾著科學家與神學家們。當他們侃侃而談關於物種起源的種種時，人類其實並沒有被放置在這張物種的地圖上。對於他們而言，最難解的莫過於人類的智力與道德，這是有辦法遺傳的嗎？如果，人類是從低等生物演化而來，那麼，人類最偉大的這些特質又是怎麼樣演變出來的？又，如果這些是可以演化與遺傳，那麼為什麼沒有發生在其他動物的身上？

在19世紀及其以前的年代，人們用靈魂這樣的角度來解釋人類獨特的地位。亞里斯多德認為，只有人才能擁有理性的靈魂。而19世紀的自然學家則將人與靈長類放在不同的分類中，人不僅地位特殊，而且凌駕於所有物種之上。但是也有一些科學家對於這樣的作法並不滿意，例如達爾文演化論的捍衛鬥士赫胥黎，在他的著作中就把人類與靈長類放在同一「目」中，他質疑所有人類擁有的情感只侷限在人類身上嗎？如果人類的母愛是獨特又高貴無價的，那其他動物身上也看得到母愛又是怎麼一回事？

但由於這樣的辯論最後總是流於激烈又情緒性的爭端，達爾文儘管對人類起源有些想法，但在一開始他也採取刻意不討論的態度，但這似乎沒有多大幫助，因為儘管他在物種起源中完全沒提及，但批評者還是從中演繹出人是從猿猴來的結論，針對此猛烈的抨擊他。在《物種原始》出版十多年後，達爾文終於出版了《人類起源》這本書，直接面對人類的演化。他提出人類身體上演化的證據，發現人與其他動物相似，而且人的身上還遺留著猴子的特徵（尾骨），因為結構的相似性，達爾文認為人類應該也起源於脊椎動物中最古老的祖先。但人類心智與道德的特殊性又是怎麼來的呢？達爾文對此的解釋是，那只是程度上的不同而已。

達爾文的《人類起源》將人類從最特別的位置，位於所有物種頂端的地位給拉下來，說明人類與其他物種一樣都擁有一個共同起源的祖先。這個論點，在當時大部分的人，甚至連他交好的演化學者都拒絕接受。與他同樣想出天擇想法的華萊士更提出反對意見，他仍堅持有一個統治的智慧，賦予人類一個進步的心智，而這是獨特於其他物種的。儘管如此，達爾文公開提出人類演化的問題，他的論點直到今天都還是這個問題討論的中心。

《物種起源》的第一版，1859年出版，內頁有一封達爾文的親筆信。

科學家大PK

達爾文 與華萊士，兩個相差十多歲的自然學家，以一種非常驚人的巧合同時想出了「天擇」這個概念。但他們兩人的人生際遇卻相差甚多，讓我們來看看他們的生命以及研究歷程到底有什麼相異與相同之處，為什麼這兩個幾乎不認識的人，會想出幾乎一樣的演化理論？

人生勝利組！

達爾文 part 1 生平

> 我最喜歡打獵了，或許我可以把打獵當做職業！

出生於醫生世家，一生不愁吃穿，平常打獵、蒐集標本做為休閒，交往名媛、知識分子。

> 醫學跟神學都太無聊啦，還是韓斯洛老師的自然科學最有趣！

16歲就被父親送去愛丁堡醫學系讀書，希望他可以成為一個醫生。但是，書讀得實在太差，只好再轉送去劍橋就讀神學。這時他接觸到很多博物學家，也學習到很多寶貴的知識，並且拓展了這個領域的相關人脈。

人生失敗組！

華萊士 part 1 生平

> 我爸又投資失敗了，快連我的學費都繳不起了。

出生於一個貧窮的中產階級家庭，父親是律師，但總是投資失敗，搞得家徒四壁。

> 書本中的知識太迷人了，尤其是博物學家們寫的傳記太讓人嚮往了。

14歲就因為家裡窮困而輟學，跟著大哥學習測量，當學徒。透過圖書館以及各種進修機會，努力學習測量、繪圖、機械與博物學等知識。走遍英格蘭與威爾斯測量鐵道路徑與地產界線。

還好有舅舅的幫忙，我終於可以不用當牧師，還可以進行最喜歡的科學考察，不過暈船實在好痛苦啊！（噁～～…）

畢業後，透過老師韓斯洛的介紹，登上小獵犬號，展開為期5年的科學考察航程。

能去亞馬遜探險真是太好了，也許我能找到許多獨特的標本賣給收藏家，一邊旅行，一邊賺錢！

1848

1843年，教授製圖、繪圖與測量學。隔年認識博物學家貝茲，貝茲收藏的甲蟲標本讓他開始迷上博物學家的行業。1848年決定一起去亞馬遜找更多的生物標本，在亞馬遜盆地裡漫遊4年。

知道嗎？航海前你要準備好所有保存標本的工具，有機會的時候，要儘量先寄一些標本回去。

在航行期間蒐集的標本，分批寄回英國，沒寄回去的標本也隨著他安然返國，受到很好的保存，並且交付給不同的專家研究，成為演化論最有利的基礎。

運氣這麼背，誰能甲我比……

在亞馬遜蒐集的標本陸續寄回給收藏家換取旅費，有時候旅費還會沒準時寄到讓他餓了好幾天。最後帶著6箱標本搭上一艘非常老舊的船隻，沒想到船隻起火，標本、筆記都付之一炬，最後在救生艇上待了10天才獲救。

人工養殖產生的新品種，與原本的鴿子相差這麼大，應該可以用來做為天擇理論的佐證。

1838

1838年，達爾文下船後，與表姊結婚，在倫敦住了3年，開始活躍於倫敦的學術圈，之後搬到唐恩莊園，致力於研究，從此不再遠行。這時他也已經有了天擇的概念。

雖然我曾經發誓過不再航海，但是生物界這麼多奧祕，還有好多等著我去發現。相信這次……我應該不會再那麼背了吧……

1854

經過厄運的船難，2年後，他跟貝茲又再度搭船出海，這次拿到英國皇家地理學會的補助經費，要去馬來群島進行資源探勘與採集活動。

達爾文 part 2 交集

命運的1858年

> 雖然我在20年前就想到了這個理論，但是那時候資料還不足，現在我應該要繼續補充更多的資料才行。

過了20年，達爾文剛完成藤壺的研究，正準備開始著手完成物種起源的研究。許多朋友都催促他先發表部分內容，以免優先權被搶走，但達爾文還是慢吞吞。

> 啊啊，我畢生心血就要付諸流水了嗎？天啊！怎麼會有這樣的事片！不行，如果有人在我之前發表我的學說，我一定會氣死了！啊我的胃又痛了，老毛病又犯了……

1858年2月，達爾文收到華萊士的手稿，猶如晴天霹靂，手足無措的他，充滿悔恨的向朋友求救。

1858

> 這樣的安排應該不會被說我是小人吧？不，我已經儘量做到公正了，確實是我先想出來的啊，20年前就寫好了耶，啊……我為什麼不早點聽萊爾的話呢？

1858年6月，林奈學會發表了達爾文與華萊士的兩篇文章，並且刊登在學會的會刊上。

華萊士 part 2 交集

命運的1858年

> 生存就是一場殘酷的競爭，為什麼有些個體可以活下來？有些不行？這個問題的答案是……再這樣燒下去，我也要被自然淘汰了……

1858

1858年，已經在馬來群島進行自然考察4年，在群島的各小島上，看到豐富的物種，各自形成小生態系，給他很多靈感。這年年初，他患了瘧疾，躺在床上反覆發燒，過程中，他想出了演化論。

1859

> 我終於想出了物種起源的答案了，希望這個想法可以被達爾文先生認可，如果能發表……那就太好了！

1859年2月，華萊士燒退了以後，就把自己的想法整理出來，寫成文稿，並決定要寄給達爾文，尋求是否有發表的機會。

> 阿母，我出運了！我終於擠身倫敦科學界了，可以結識這些了不起的人，並且受到他們的幫助，我的研究未來一片光明……

1862

1862年回到英國，收到胡克寫來的信，知道文章被與達爾文的文章一起發表與刊登。

達爾文 part 3 成就

雖然被罵成這樣，但是革命尚未成功，還是繼續做實驗最實在。

1859年出版《物種起源》，發表埋藏許久的演化論，取得這個研究的權威地位，是代表人物。

達爾文 part 4 學說差異

人的起源

1854

就算你們一直拿猴子來嘲笑我，也改變不了演化的事實啊。人跟其他的物種一樣，在生物界的地位都是平等的。

人類跟其他物種沒什麼兩樣，都是從低等生物演化而來。所謂珍貴的智慧與道德，不過就是程度上的差別罷了。

華萊士 part 3 成就

1848

演化論交給達爾文發表是正確的，我可沒有那麼多厲害的朋友會幫我抬轎。

繼續進行生物地理學的研究，並且發表多篇研究論文，提出「華萊士線」的重要概念，奠定生物地理學之父的地位。

華萊士 part 4 學說差異

人的起源

黑猩猩跟我們不一樣，人類很特別的，在這點上面，我決定跟神學站在一起。

人類具有獨特的地位，在生物界占有獨特的位階，人類的心智是特別的，獨特於其他物種的。

達爾文及其同時代的人

達爾文 一生雖然因為疾病的關係，大多數時間都待在唐恩莊園裡，不太拋頭露面，但他卻交友廣泛，來往的人大多為當時知識界的領導人物，他們也各自在科學領域上，有著自己的創見與發現，並佔有一席之地。認識達爾文以及其同世代的人，可以說也就是閱讀了整個時代的故事。

湯瑪斯・亨利・赫胥黎
Thomas Henry Huxley
1825年5月4日－1895年6月29日

是英國的生物學家，也是達爾文演化論的第一號捍衛者，人稱「達爾文的鬥牛犬」（Darwin's Bulldog）。出生於倫敦西部的一個小康家庭，年輕時曾經受過醫學訓練，他跟達爾文一樣，也有一趟自己的奇幻旅程，那是在1846～1850年間，搭上響尾蛇號隨著英國海軍到澳洲去考察，擔任隨船外科醫生。在漫長的航行途中，他研究了海洋無脊椎動物（像是水母），進行詳細分析，並寫成論文寄回倫敦發表，因而一回到英國就被選為皇家學會會員，最後更占有重要的一席之地。特別是在脊椎動物解剖學、胚胎學以及古生物的領域非常活躍。儘管他並不那麼信服達爾文的天擇理論，更曾自嘲的說自己只是把他的理論當成假說。但赫胥黎儘管如此，兩人還是在某些看法上擁有共識，因此他投演化論一票，並且願意為它砲火猛烈的戰鬥。最有名的事蹟是「牛津會議」上與主教的那段對話。他的名言是：「Try to learn something about everything and everything about something.」赫胥黎家族一直到近代都是英國學術界的重要代表，後代才人輩出，孫子女德魯・赫胥黎爵士是生理學家，也是諾貝爾獎得主。

約瑟夫・道爾頓・胡克
Joseph Dalton Hooker
1817年6月30日－1911年12月10日

　　英國植物學家。出生於學術世家，父親是皇家植物園園長。受到父親的影響，胡克從小就對植物學很有興趣，不過他大學就讀的是醫學系，並且取得博士學位。1839年，他以隨船外科醫生以及博物學家的身分，參與了英國海軍埃勒伯斯號的南極考察行程，沿途採集了許多動植物、藻類跟海洋生物標本。1843年回國，但沒有赫胥黎那麼幸運，這次航行帶給胡克個人許多知識的進展，但在學術界的發展卻沒什麼幫助，申請教職也不順利。1847年透過父親的安排到印度去為植物園採集植物，他一路從非洲抵達印度最後一路走到大吉嶺為皇家植物園蒐集了許多珍貴的標本。胡克後來繼承了父親的衣缽，接任植物園的園長。他與達爾文是一輩子的好朋友，也是達爾文最信任的人之一，達爾文將來自加拉巴哥群島的植物標本交給他鑑定，胡克把這些標本跟自己在南美採集來的互相比對，發現這些植物的特殊之處，帶給達爾文重要的啟發。在華萊士事件中，他更義不容辭的與萊爾共同出面，幫達爾文解決了與華萊士論文撞衫的問題。

查爾斯・萊爾
Charles Lyell
1797年11月14日－1875年2月22日

　　英國地質學家。萊爾出生於蘇格蘭，萊爾的父親也叫做查爾斯，是略有名氣的植物學家，他也是第一個讓小查爾斯接觸到自然博物學的人。萊爾就讀於牛津大學，曾經跟隨知名地質學家巴克蘭（William Buckland）鑽研地質學，深

受吸引。畢業後曾經短暫擔任過律師，之後便轉行，成為一個專職的地質學家。他受到蘇格蘭地質學家赫頓（James Hutton）的啟發，發展出著名的地質學理論「均變論」，寫出了巨著《地質學原理》3冊，這個作品大大改變了達爾文的人生，對於達爾文的演化論有深刻的啟發。萊爾更是達爾文一輩子的良師益友，他鼓勵達爾文盡快發表自己的理論，也在華萊士事件中跟胡克一起幫達爾文解決了論文優先權的問題。萊爾對於達爾文的演化論一開始並不認同，他本身是反對演化論，在其著作《地質學原理》第二冊中，主要抨擊的對象就是當時的演化論代表拉馬克。不過，最終萊爾還是接受了達爾文的演化論，承認自己的看法是錯了。但他極具啟發性的地質學理論，一直到現在都還在地質學中占有重要的一席之地。

理查‧歐文
Richard Owen
1804年7月20日－1892年12月18日

英國動物學家、古生物學家、比較解剖學家。1804年生於英國蘭開郡蘭開斯特。曾在愛丁堡大學學醫，畢業後他一邊行醫，一邊在皇家外科醫學院博物館擔任助手，負責解剖標本。在這段期間，獲得大量解剖學的知識。他曾經去巴黎拜訪過著名的古生物學家居維葉，並且有機會研究法國自然博物館的標本，便將研究重心轉移到古生物學上。他是最早採集和研究恐龍的主要學者之一，1841年，他在自己的著作《英國化石爬行動物》一書中，將之前學者們所挖掘出來的巨大爬蟲類動物歸納為一個新的分類，並將之命名為恐龍（Dinosaur，意為「可怕的蜥蜴」）。1856年後，他擔任大英博物館博物學部的主任，開始替大英博物館自然史部門蒐

集標本，使得大英博物館擁有全世界最豐富的標本收藏。歐文畢生激烈反對演化論，是最主要的打手。他曾寫匿名文章（愛丁堡評論，1860）攻擊達爾文，並且是著名的牛津會議大辯論的幕後黑手。

赫伯特・史賓賽
Herbert Spencer
1820年4月27日－ 1903年12月8日

英國哲學家、社會學家。史賓賽出身於一個教育世家。曾經擔任過鐵路的土木工程師，因為這個工作的經驗，讓他開始注意到勞工權益與政府職責，因而投入撰寫有關社會與政治方面的文章。著作涵蓋了教育、科學、人口爆炸等哲學和社會學的課題。他曾經任職於著名政經雜誌〈經濟學人〉長達5年。透過赫胥黎的引介，他加入了當時菁英知識分子的聚會，認識了包括達爾文在內的重要思想家。1864年，他在自己的著作《生物原理》（Principles of Biology）提出「適者生存」一詞，將達爾文的進化論中提出的自然選擇概念，拿來討論人類社會，打造出一套「社會進步哲學」，後來被稱為「社會達爾文主義」，史賓賽則被稱為「社會達爾文主義之父」。不過，「社會達爾文主義」後來受到種族主義、優生學等的扭曲與誤用，成為迫害其他種族的理論基礎。

自學六招，
達爾文研究攻略大公開

達爾文 幾乎用了一輩子的心力，投入演化論的研究中，但他自小獵犬號返航之後，就怪病纏身。搬到唐恩莊園後過著半隱居的生活，一邊對抗病魔，一邊養著一大家子，又日復一日地進行著辛苦的研究，堪稱為在家自學版的典範。這些歷程簡直比他的成就還精采。這裡為大家整理出達爾文的科學研究攻略，看看這個足不出戶的科學家，如何運用這些招數，不出門也能做好研究，SO EASY！

1. The Exterior from the Garden. —2. Mr. Darwin's Study.

THE HOME OF THE LATE CHARLES DARWIN, DOWN, KENT

第一招：標本分類術

對一位生物學家來說，整理與分類標本應該是最基本的功夫。只要會分類跟整理，甚至就能找到重要的研究理論。達爾文這個功夫做得很不錯，在隨小獵犬號出航期間，就發展出一套自己的整理標本的方法。而在書房裡，他用有許多小抽屜的高櫃子來蒐集標本，每格抽屜外都有標籤標示，裡面放著化石、石塊與動植物的標本，每個抽屜裡放有說明，只要打開就一目了然。

第二招：檔案整理術

在小獵犬號航行期間，他練就了凡事詳細記錄的功夫，一有想法就馬上寫下來，並且將各種不同筆記分類，保存不同想法的脈絡，這也是他可以讓一個研究延續20年而不至於散失的原因。之後達爾文足不出戶，但是大量閱讀許多跟研究相關的書籍與論文，這些都是他重要研究參考來源，當然要好好整理。每看完一本書，達爾文都會寫下讀書摘要，並且做好整理歸類，他的書房裡有一個大抽屜，塞滿了讀書摘要。另外有一些放檔案的櫃子，用

◀圖為達爾文的書房速寫。一旁有著許多小抽屜的高櫃子，每格抽屜外都有標籤標示，裡面放著他蒐集來的化石、石塊與動植物的標本，抽屜裡放有說明。

標籤紙區隔開來，裡頭有30、40個大檔案夾，裝著備忘錄或者跟研究相關的參考數據。隨時想要參考，一拉開抽屜就會很快找到。

第三招：問自己問題術

達爾文每天幾乎滿腦子都是研究的內容，但一天只有24小時，而身體又不允許他不眠不休。所以他會把自己一直在想的事情記在紙條上。每天早上的第一件工作，就是去書房裡打開抽屜，拿出那一疊紙條，上面記載著正在思考的各種問題，範圍很廣泛，包含地質學植物學、動物學等等，他會拿這些問題問問自己，如果有朋友來訪的日子，也會以同樣的題目，問問朋友的看法。或者乾脆拿出信紙，把自己想到的跟想不透的寫成一封信，寄給適合的對象問問他們的意見。這個做法讓他釐清了許多重要的問題。

第四招：散步觀察術

散步，是達爾文每天最重要的活動。不管是午飯前，還是下午時分，他都會在唐恩莊園裡散步。有時候跟妻子愛瑪，兩人靜靜散步，甚至走出唐恩莊園，下山的步道上有一道蘭花堤，夫婦倆還曾經帶回兩株蘭花種在溫室裡，之後這些蘭花給達爾文許多啟發。當有朋友來的時候，他也會和大家一同散步，在散步的過程中交換彼

◀最瘋狂的實驗總是出現在達爾文的書房。研究藤壺的那幾年，不僅研究自己採集的標本，還向世界各地徵求標本，他在研究室裡小心的解剖藤壺，以便仔細觀察。

此的看法，有時候還會激烈的爭執。

　　有時，他也一個人散步。沿著沙道慢慢走，周圍是他親手種下的雜木林、樹籬邊的野草，盛開的花卉以及飛翔期間的鳥兒，其間各種細微的活動與差異，都逃不過他銳利的觀察，經常帶給他非常特別的靈感，達爾文曾經說，自己比起半常人更留意容易忽略的事物。他非常看重觀察，認為觀察是為了贊成或者反對某一個觀點的重要行為。也就是說，透過觀察找到證據，你才能表達對某個觀點的贊成或反對。

第五招：動手實驗術

　　實驗跟觀察是達爾文研究過程中的兩大武器，跟觀察一樣，實驗也是為了要蒐集一大堆事實，讓他的理論更加堅實。達爾文的莊園裡有溫室跟鴿舍，他每天在這裡流連，進行一大堆實驗，像是為了研究生殖模式，拿著毛筆，勤奮的幫那些報春花刷上花粉，來幫忙的女僕倒是非常喜歡這個活動。或者熱中養鴿，把牠們配種，培育出各種不同的新品種，藉以觀察人擇的結果。或是為了想知道動植物地理分布的模式，將種子、果實浸泡在海水中，測試它們的容忍度。甚至切下一對鴨子的腳泡在有蝸牛的魚缸中，想知道特定時間內會有多少蝸牛黏在鴨子的腳掌中，用來推測當鴨子飛走的時候能帶走多少蝸牛，這是否會是蝸牛擴散的一個路徑。在唐恩莊園裡，各種瘋狂的實驗，不斷的在上演著。

第六招：寫信討論術

　　跟朋友書信往來，是達爾文每天都要做的事，他認為，向別人請教可以獲得他人的經驗。這點特別對於身體違和，不利遠

行的他來說更加重要。像是與植物學家胡克討論關於加拉巴哥群島植物的書信；在進行鴿子實驗時，他也會寫信給同好，請他們幫忙留意某些行為與結果；當他開始啟動物種原始的研究時，也寄出過徵求標本的信件，就連華萊士也在他的徵求之列。很多時候，寫信也是一種抒發，疾病纏身的他，也會對朋友傾訴研究生涯的困頓、內心的矛盾以及身體的不適。達爾文這種不吝與人討論分享，密切與人交流，對於他的研究帶來了非常正面的結果。

達爾文的寫作教室

寫書是達爾文生活中的一項重要工作。他一生出版過好幾本書，幾乎本本暢銷。達爾文自己對寫作這件事情有一套順序，跟上面提到研究招數密切相關，一起來看看他是怎麼做的，學起來，搞不好你也能變成暢銷科普作家喔！

STEP 1 確立主題，找出資料：達爾文說，在每個寫作主題確立，準備開始進行時，他都會去資料櫃找出相關的資料。這時候就可以體會到把資料整理好的重要性了。

STEP 2 寫出大綱，擴展摘要：開始寫作的時候，要先把整本書的大綱寫出來，再慢慢擴展成摘要。他在1842年寫出來的那份摘要，就是這樣寫出來的。

STEP 3 補充摘要，調整架構：在正式寫作之前，再把這些摘要做補充，補充的過程中，就會發現有些架構需要調整，等整體確定之後，他才會正式下筆。

STEP 4 很快下筆，再做修潤：達爾文是個追求完美的寫作者，他認為自己並不擅長用句子來表達想法，因此經常花費很多時間在斟酌文字，但這也保證了每個句子都是經過深思熟慮的。後來他發現，先把想寫的很快的筆記下來，再修潤文字，更節省時間，甚至那些很快下筆的句子，都比斟酌許久的句子要好。

▼唐恩小築一景

達爾文生平年表

年	年齡	事蹟
1809	0	出生於英國 舒茲伯利鎮的芒特莊園
1817	8	母親去世
1825	16	愛丁堡大學讀醫學
1828	19	進劍橋大學神學部。
1831	22	1月畢業。同年12月開始長達五年的《小獵犬》號航行。期間閱讀萊爾的《地質學原理》深受啟發，並在野外觀察中找到實證。
1835	26	航行至加拉巴哥群島，收集到重要的演化論證據標本。
1836	27	10月返航回到英國。成為地質學會與皇家學會的一員
1837	28	開始撰寫《小獵犬號航行記》，並寫下《物種起源》的最初筆記
1838	29	受到友人推薦，閱讀Malthus《人口論》，受到啟發。
1839	30	與表姊愛瑪結婚。《小獵犬號航行記》出版
1841	32	執筆《珊瑚礁的結構與分布》
1842	33	寫下將《物種起源》的筆記整理成35頁的大綱。
1844	35	將《物種起源》的大綱，擴展成兩百多頁的書。因為健康惡化，所以給愛瑪留下遺書，交代出版事宜。
1846	37	開始藤壺研究，之後8年期間都投入在這個領域之中。
1848	39	父親羅伯特醫生去世。
1851	42	長女去世
1854	45	結束藤壺研究，重新回到《物種起源》的研究上。
1856	47	達爾文開始執筆撰寫《物種起源》
1858	49	6月收到華萊士關於演化論的手稿。7月萊爾及胡克於林奈學會共同發表達爾文及華萊士的論文。
1859	50	《物種起源》出版
1860	51	6月在牛津會議，魏伯佛斯主教和赫胥黎針對演化論激烈爭辯
1871	62	《人類起源》、《人類與動物的感情表達》出版
1882	73	4月去世，安葬於西敏寺（Westminster Abbey）。

相關著作

• **1839年**：《小獵犬號航行記》出版。

• **1842年**：《珊瑚礁的結構與分布》（The Structure and Distribution of Coral Reefs）

• **1844年**：《火山群島的地質觀察》（Geological Observations of Volcanic Islands）

• **1846年**：《南美地質觀察》（Geological Observations on South America）

• **1851年**：《蔓足亞綱》(A Monograph of the Sub-class Cirripedia, with Figures of all the Species. The Lepadidae; or, Pedunculated Cirripedes.)

• **1859年**：《物種起源》（On the Origin of Species by Means of Natural Selection, or the Preservation of Favoured Races in the Struggle for Life）。

• **1862年**：《不列顛與外國蘭花經由昆蟲授粉的各種手段》（On the various contrivances by which British and foreign orchids are fertilised by insects）。

• **1868年**：《動物和植物在家養下的變異》（Variation of Plants and Animals Under Domestication）。

• **1871年**：《人類起源》（The Descent of Man, and Selection in Relation to Sex）。

• **1872年**：《人類與動物的感情表達》（The Expression of Emotions in Man and Animals）。

• **1875年**：《攀緣植物的運動與習性》（Movement and Habits of Climbing Plants）。

• **1875年**：《食蟲植物》（Insectivorous Plants）。

• **1876年**：《異花授精與自體授精在植物界中的效果》（The Effects of Cross and Self-Fertilisation in the Vegetable Kingdom）。

• **1880年**：《植物運動的力量》（The Power of Movement in Plants）。

• **1881年**：《腐植土的產生與蚯蚓的作用》（The Formation of Vegetable Mould Through the Action of Worms）。

參考書目

1. 涅克拉索夫,(Dmntpnebny, Hekpacob, Anekcen).《達爾文》.五南 2013 ISBN 9789571173153

2. 達曼 (Quammen, David).《完美先生達爾文：<<物種源始>>的漫長等待》. 時報 2009 ISBN: 9789571350264

3. 凱因斯 (Keynes, Randal).《達爾文，他的女兒與演化論》貓頭鷹出版社 2009. ISBN: 9789866651595

4. 伯爾特（Boulter, Michael).《達爾文的祕密花園》貓頭鷹出版社 2009.ISBN: 9789866651731

5. 查爾斯．達爾文《小獵犬號航海記》（上下冊）. 馬可孛羅 2014. ISBN：9789865722494

6. 查爾斯．達爾文《物種起源》商務 1998.ISBN: 9789570514513

7. 王道還等《走過演化特刊》科學人雜誌社 2009.

8. 薛莫文；潘震澤譯〈真真假假--遭到誤解的達爾文〉科學人 85 2009.03 頁94

9. 楊恩生；向麗容〈達爾文的演化實驗室：加拉巴哥群島〉臺灣博物 28:1=101 2009.03 頁4-11

10. 盧定平〈達爾文[Charles Robere Darwin]、華萊士[Alfred Russel Wallace]與進化論〉歷史月刊 254 2009.03 頁24-31

11. 許英昌〈達爾文演化論150年〉科學月刊 39:10=466 2008.10 頁786-787

網路參考資料：Darwin Online http://darwin-online.org.uk/

我們的主角，查爾斯·達爾文來自一個超級大家族。

這個大家族裡，不乏一些大家多少都有聽過的名人喔。

達爾文在這裡。

另外，十八世紀開始，有些第一次搭船的船員經過赤道時都要舉行的儀式，到今天都還保留下來。

聽說達爾文在一八三二年經過亦道時也被玩過。

完成刮臉與泡海水的儀式之後，就能被稱為老水手啦。

哇!!

十八世紀英國開始了工業革命，衛生系統不良的英國，在十九世紀中期各種汙染達到巔峰。

達爾文在一八四二年因病搬離倫敦市區，他的離奇怪病或許是因為環境汙染而造成的。

咳咳咳！

物競天擇算是達爾文以自己的觀察所歸納出來的心得，所有生物都受到環境影響，經過長年的競爭與篩選，而演化成現在的樣子。

但也有一種說法，以找不到演化源頭的過渡化石，而認為物種起源的達爾文的說法有誤。關於物種起源的各種問題，現代生物學也還在努力就是了。

不過達爾文獎又是另外一回事了。

始祖鳥化石

BEHIND the SCENES

我是好面

我是彭傑

各位好，很榮幸能夠跟大家聊聊關於這次作品的一些小事情。

啊啊，我又漏掉了。

第八頁右下與第十二頁中間，頭忘了畫啦！

雖然自己努力在畫，不過最後常常東漏西漏。

但也感謝彭傑的提醒與包容，才能順利完成啊～

分鏡與作品統整最後都是由彭傑完成的。

我才畫六頁……

二十五頁好囉。

這次作品的完成，最感謝的還是旁邊這位高速的彭傑前輩。

當然，還要感謝各位助手的幫忙。

轟 轟

如利啊二回三頁 我交完正！

花絮篇